畜禽遗传资源调查研究理论与方法

XUQIN YICHUAN ZIYUAN DIAOCHA YANJIU LILUN YU FANGFA

廖玉英 主编

中国农业科学技术出版社

图书在版编目（CIP）数据

畜禽遗传资源调查研究理论与方法 / 廖玉英主编 . —北京：中国农业科学技术出版社，2020.8

ISBN 978-7-5116-4922-5

Ⅰ.①畜…　Ⅱ.①廖…　Ⅲ.①畜禽–种质资源–资源调查　Ⅳ.① S813.9

中国版本图书馆 CIP 数据核字（2020）第 144930 号

责任编辑　周丽丽
责任校对　李向荣

出 版 者　中国农业科学技术出版社
　　　　　北京市中关村南大街 12 号　邮编：100081
电　　话　（010）82105169（编辑室）　（010）82109707（发行部）
　　　　　（010）82106629（读者服务部）
传　　真　（010）82106626
网　　址　http://www.castp.cn
经 销 者　各地新华书店
印 刷 者　北京建宏印刷有限公司
开　　本　710mm×1000mm　1/16
印　　张　7
字　　数　130 千字
版　　次　2020 年 8 月第 1 版　2020 年 8 月第 1 次印刷
定　　价　58.00 元

序　言

　　畜禽遗传资源调查是畜禽遗传资源保护与管理工作的一项主要内容，是发展畜牧业生产的一项重要基础性工作。

　　20 世纪 70 年代后期到 80 年代中期，农业部（2018 年 3 月，国务院机构改革组建农业农村部，不再保留农业部。全书同。）组织全国农业、科研、教学各部门，开展了中华人民共和国成立后第一次较大规模的畜禽品种资源调查，基本摸清了全国交通比较发达地区的品种资源状况，并出版了《中国家畜家禽品种志》。《中国家畜家禽品种志》较为全面地记载了我国家畜家禽资源的形成和发展变化情况，在当时的历史条件下对各类畜禽品种的形成、发展和现状做了科学论述，是一部划时代的畜牧科学著作。

　　畜禽遗传资源属于可变性资源和可更新性资源，及时全面查清我国家畜家禽种质资源的数量、分布、特性及开发利用的最新状况，为国家制定畜牧业生产发展规划提供可靠信息，为合理利用资源，培育新品种提供科学依据，为科研教学单位提供基础资料，为畜牧企业从事畜禽资源开发与利用提供指导意见，为开展国际交流与合作奠定基础。

　　畜禽品种资源调查是一项基础性工作，公益性强，社会效益显著。畜禽遗传资源调查同时又是一项纷繁浩大的系统工程，是持之以恒的事业，不是短期行为。从现场调查到资料收集、分析、论证，再到志书编写、出版，牵涉诸多环节和部门，需要周密的计划安排，需要强有力的组织领导，需要各部门、各单位的密切配合和支持。

　　在本书的编写过程中，得到了畜禽遗传资源调查试点地区畜牧主管部门、推广机构领导和工作人员的大力支持与帮助，在此一并表示感谢。由于编者水平有限，书中出现纰漏在所难免，欢迎读者提出宝贵意见。

作　者

目 录

第一章 ···●
调查研究的基本概念和主要类型

第一节　调查研究的基本概念

随着社会的发展和世界的变化，人们的探索在不断深入，人们所获得的知识也在不断增加。在这种认识和了解人类自身、人类创造物质及其与人类密切相关的外部世界的过程中，我们每个人都是探索者，都在自觉不自觉地进行着某种形式的研究，都在从各种不同的来源中寻求、创造和利用着知识。为了能更好把握调查研究的内在含义，需先了解调查研究基本理论和基本概念。

一、调查研究理论基础

以一种系统化的方式将经验世界中某些被挑选的方面概念化并组织起来的一组内在相关的命题。实际社会研究中通常指一组具有逻辑关系的假设或命题。理论是社会研究的中心和最终目的。社会科学中很少有像进化论那样有力的理论，但社会研究仍然像各种自然科学那样，努力朝着"从具体的事实和现象中发掘出系统的理论"的目标前进。理论是一个具有不同层次的命题体系，有宏观理论、中观理论和微观理论三个层次。

（一）宏观理论（一般性理论）

往往以全部社会现象或各种社会行为为对象，提供一种高度概括的解释框架。它的体系通常十分庞大、结构十分复杂、概念十分抽象。如马克思主义理论，达尔文进化论，社会学中结构功能主义理论、交换理论、冲突理论。它往往并不直接与具体的、经验的社会研究发生联系，它们更多是作为研究者观察问题、分析问题时所采取的一种理论视角或依据的一种理论背景。

（二）中观理论（中层理论）

即中层理论，介于微观、宏观理论之间，以某一方面的社会现象或某一类型的社会行为为对象，提供一种相对具体的分析框架。只涉及有限的社会现象。它由几个有限的几组假定所组成，通过逻辑推导可以从这些假定中产生能接受经验研究证实或证伪的具体假设。如：社会学中常见的社会流动理论、社会分层理论、角色理论、参照群体理论，等等。

（三）微观理论

一组陈述若干概念之间关系、并在逻辑上相互联系的命题，其中一些命题可以通过经验检验。实际上是操作层次上的命题陈述，其特点是直接由经验材料或数据来证明或证伪。具有三个重要特征：一是由一组命题构成；二是这些命题在逻辑上相互联系；三是命题中的一部分可以通过经验来检验。在具体的社会研究中，大多数理论属于这种形式的理论。如："高的受教育程度倾向于低的生育率""工业化导致人际关系疏远"等。

理论的构成要素：概念、变量、命题和假设。

同一种现象可以有多种不同的理论来解释。判断理论优劣的标准：其他条件相同时，符合下列条件的为优——解释范围更广泛；解释更精确；结构更简练。三个标准强调的是理论的三个方向，实际研究中对几种不同理论进行比较时，可能出现不同理论在不同标准上优劣不同的情况。

二、调查研究基本概念

是对现象的一种抽象，是一类事物的属性在人们主观上的反应。社会学研究中的概念可以是有形的社会现象或抽象事物如社会地位。概念由定义构成，通常以语言或数字或符号来指明和限定概念所指称的现象，并给出明确的意义。只有在作出定义之后，概念才能有意义。概念具有内涵和外延两个方面，内涵越明确和丰富，所表达的事物的特征就越清楚，但外延狭小即涵盖面窄。若抽象层次高，则对事物特征的表达就越含糊。

概念在形式上常常是用字、词或词组来表示。如"房屋、社区、互动"等。概念可以分为两类：一类是常量；一类是变量。常量标识的是某类现象，如太阳；变量则是包括若干子范畴、属性或亚概念，如性别、职业等。用数学公式表示科学概念可以将语言的含糊性降到最低，然而社会研究所涉及的概念的复杂性和含糊性，造成同一概念对于不同的研究者其含义不一样或者所指称的现象不同。所以在社会研究中，研究者必须对他所使用的概念加以明确的界定。

对概念的要求：一是可观察性；二是可操作性（可约化为子概念）；三是精确、明了，不易产生歧义。

概念的功能：提供一种观察或勾画那些无法直接观察到的事物的方式；概念的抽象性对理论的形成有重要的作用；概念的发展为研究者提供了一种思想网络，各种单个研究通过相互连接，使得不同时期的经验得以组织和再组织。如：文化、制度、地位、角色等所形成的思想网络，一直指引着社会科学领域的研究。

概念作用的大小取决于：有用的感念所指称的现象必须至少是潜在可观察的；有用的感念必须是精确的；有用的感念是具有理论重要性的概念（指它与理论中的其他一些概念相互联系，并且在解释上扮演着最基础的角色）。

三、变　量

就是具有一个以上不同取值（不同的子范畴；不同的属性或不同的亚概念）的概念，也是概念的操作化。某些概念只是表示某单一现象如元首等，当赋予是否的取值。

四种类型：类别变量、顺序变量、间距变量、比率变量。

相对应的四种测量层次为：定类、定序、定距、定比。

自变量：指的是其变化会引起其他变量发生改变的变量。

因变量：指的是由于其他变量的变化而导致自身发生改变的变量。

当一个变量影响另一个变量，就形成了某种因果关系，自变量是主动的变量，因变量是被动的变量。在实验研究中，自变量是实验者主动操纵其变动的变量，即实验刺激；而因变量则是手实验刺激而变动的变量。在调查研究中，自变量多为属性变量，比如性别、年龄等；而因变量多为行为或态度变量。

中介变量：指的是出现在更为复杂一些的因果关系链中的第三个变量，它在自变量与因变量的联系中处于二者之间的位置，表明自变量影响因变量的一种方式或途径。有三种情形：①复杂的因果关系链中，一个变量通过其引起其他变量的变化；②抽象层次较高的概念向操作层次的概念转换时，作为概念演绎的中间环节；③作为"无法直接观察"的概念替代变量出现，如对动机、智力、敌意、态度、思想、情绪、习惯、兴趣、需要及价值观念等的测量需要测量中介变量。

四、命　题

指的是关于一个概念的特征或多个概念间关系的陈述。关系：概念构成了命题，而理论由一组命题构成。如"工业化水平高"是关于"工业化"这一概念的陈述；"工业化使得人际关系疏远"是关于"工业化"概念与"人际关系"概念之间关系的陈述。命题具有不同的类型：公理、定律、假设、经验概括等，在社会研究中最常用的命题形式是假设。

五、假　设

命题的常用方式，是一种可以通过经验事实检验的，有关变量间关系的尝试性陈述。是对命题的操作化表达。

假设的陈述方式：条件式陈述、差异式陈述和函数式陈述。如：若 A 则 B、A 不同 B 也不同、A 是 B 的函数，A=f（B）。在社会研究中用数学公式表示两变量的关系是很少见的，通常是以"本研究的目的在于探讨 A 与 B 之间的关系"这样的说法来代替。

假设来源于：常识、个人预感或猜测、现有调查资料、现有理论。其中后两种是主要来源。

假设是命题的特殊形式，①命题中的基本元素是抽象的概念，假设中的基本元素是相对具体的变量；②假设中的变量关系可通过经验的观察进行检验。

一种理论解释的发展包含着两个相互联系的过程或阶段：即以归纳推理为标志的理论建构过程和以演绎推理为特征的理论检验过程。

理论构建：以观察为起点，然后通过归纳推理，得出解释这些现象的理论。

理论建构的过程：①从观察到概括。理论建构起始于对经验现象的观察，或定量或定性的观察，完成从具体的观察结果到对现象的经验概括（指对现象反复出现的规律或特征的总结，或对变量之间反复出现的某种相互关系的说明。是对一种由经验数据证实了的变量特征或变量间关心的一般性阐述）。②从概括到理论。舍弃特定个案的特殊性，集中其存在的共性特征。从经验概括中抽象出某种具有内在逻辑结构的概念间关系，形成对这一现象及其背景的更为一般性的命题，初步建立了解释和说明这一现象的理论。

理论检验：以理论为起点，通过演绎推理，作出预言或预测，并通过对实际事物的观察来检验预言的正确性。

理论检验的步骤：①详细说明待检验的理论；②由理论推导（演绎）出一组概念化的命题；③用可检验的命题形式即假设的形式重述概念化命题，即操作化；④收集相关的资料；⑤分析资料；⑥评价理论并进行修正。

假设演绎法：社会科学研究普遍使用两种推理方式：归纳推理和演绎推理。归纳推理的过程是从特殊到一般。演绎推理的过程是从一般到特殊。将两种结合即：①观察一种现象或一组完整的事件；②对观察的结果进行概括，试图形成一种能够解释所观察的现象的理论；③从这种概括的理论出发，推演出具有逻辑性的某种结论；④用具体的材料来检验这种理论，若被证实则接受，若理论不能被检验证实，我们就需要修改原始的理论，进行新的检验。前两个步骤是归纳，后两个步骤是演绎。

六、调查研究

在系统地、直接地收集有关社会现象的经验材料的基础上，通过的材料的分析和综合来科学地阐明社会生活状况及社会发展规律的认识活动。

（一）调　查

社会调查研究的一个阶段，是指运用观察、询问等方法直接从社会生活中了解情况、收集事实和数据，是一种感性认识活动。

（二）研　究

社会调查研究的第二阶段，是指通过对事实资料的思维加工，由感性认识上升到理性认识。

（三）调查研究的方法论

人们的思想方法和科学的一般方法在社会调查研究中的体现和应用，它提供了调查研究的指导思想。

（四）调查研究的基本方式

也称研究方式，它表明贯穿于社会调查全过程的程序、步骤与操作方式，它说明研究者是通过何种具体途径得出研究结论的。

（五）调查研究的具体方法

在调查研究的某一阶段中使用的方法、技术、工具等。

（六）定量研究与定性研究

定量研究侧重于、且较多地依赖于对事物的测量和计算。定性研究则侧重于和依赖于对事物的含义、特征、象征的描述和理解。从认识论角度看，二者基于不同的范式。定量研究源于实证主义，接近于科学范式；定性研究从属于人文主义的自然范式，力图对社会生活的自然场景加以整体的理解和解释；从研究的逻辑过程看，定量研究与演绎过程更为接近，目标是确定变量之间的因果联系，强调价值中立，常常是对已有理论的检验；定性研究基于描述性分析，注重现象与背景之间的关系，认为事实与价值无法分离。其逻辑方式本质上是归纳的过程，即从实地研究中所获得的经验材料中归纳出具有理论特性的命题和阐释框架；在理论与研究的关系上，定量研究则用于理论检验；定性研究通常用于理论的建构；在研究方式上，定量研究侧重对社会事物的精确测量和计算，强调研究程序的标准化、系统化和操作化，常使用调查、试验、文献研究，获得数量化的资料便于使用统计学方法分析变量的因果关联；定性研究侧重对行为主体的意义以及行为过程的描述和阐释，强调行为背景因素对社会生活的影响。强调研究程序、方式、手段的灵活性和特殊性，常使用实地研究，获得具体的实例资料；总的来说，定量研究在结果上具有概括性和精确性，但对社会生活的理解缺乏深度；定性研究可以获得深入理解社会生活的丰富细致的资料，但难以推及整体的社会运行状况。这是研究过程的两种途径，发挥着不同的作用，不存在谁优谁劣的问题。

七、价值相关性与价值中立性

价值相关性是指在研究工作开始之前，研究者在选题和收集材料上所表现出的主观兴趣，同时，又指在研究工作得出结论后，研究者在实际应用结论中所表现出来的主观目的性。在通常情况下，研究者根据其所在社会中人们所持有的一般文化价值，选择经验中的某一部分题材作为自己的研究对象。因而特定时代的价值目标对社会科学家的研究对象的选择和探索具有决定性的影响。

价值中立性是指研究者在选定了研究对象之后，必须放弃任何主观的价值观念，严格以客观的、中立的态度进行观察和分析，从而保证研究的客观性和科学性。此外，价值中立性还包括另一层含义，即事实领域与价值领域、事实判断与价值判断的研究机构的区分。

八、理论性研究

指那些侧重于发展有关社会世界的基本知识，特别是侧重于建立或检验各种理论假设的经验研究。其关注点在于探索现象之间的因果关系，其主要目标是要增加人们对社会现象的内在规律的理解，增加人们对社会事物的认识。

九、应用性研究

侧重于了解、描述和探讨某种现实社会问题或者针对某类具体社会现象的问题。其关注点通常集中地体现在迅速地了解现实状况，分析现象或社会问题形成的原因，并力图在此基础上有针对性地提供政策建议，以帮助制定社会政策、解决社会问题以及评估社会后果等。主要包括社会状况、问题、政策、影响研究。

第二节　调查研究的主要类型

目前国内的社会学研究人员主要从事应用性研究。当理论性研究和应用性研究研究的是同一的社会现象，理论性研究更关注如何发展出某种一般性的社会认知，解答学科领域内的重大理论问题或疑难问题；而应用性研究则更关注如何有效地解决现实社会问题。调查研究的主要类型如下。

理论性调查研究：通过对社会现实问题的调查来发展和丰富社会理论，并提供有关社会发展的一般规律的知识。

应用性调查研究：通过社会调查来了解不断出现的新现象和新问题，并运用社会理论对这些问题做出科学的说明和解释、提出解决问题的方案或政策性建议。

普查：也称整体调查或全面调查，它是为了解总体的一般情况而对较大范围的地区或部门中的每个对象都无一例外地进行调查。

抽样调查：从调查对象的总体中抽取某些单位或个人作为样本进行调查，并以样本的状况来推论总体的状况。

典型调查：从调查对象的总体中选取一个或几个有代表性的单位进行全面、深入的调查。

重点调查：从调查对象的总体中主观选取少数单位进行调查，并通过这些单位的情况来反映总体的情况。

个案研究：从总体中选取一个或几个调查对象进行深入研究，以深入、细致地描述一个具体单位的全貌和具体的社会过程。通过对个体发展过程的调查来洞察个体为什么会具有特定的行为方式以及他或它的行为趋向。

探索性调查研究：采用"走马观花"和查阅资料的方式对社会现象进行初步考察的研究方法。

描述性调查研究：可以解答社会现象"是什么"的问题，它能对社会现象的状况、特点和发展过程作出客观、准确的描述。

解释性调查研究：可以解答"为什么"的问题，它能说明社会现象发生的原因，预测事物的发展后果，探讨社会现象之间的因果联系。

横剖研究：在某一时点对调查对象进行横断面的研究。

横断面：指由调查对象的各种类型在同一时点上所构成的全貌。

纵贯研究：在较长时期的不同时点收集资料，并对社会现象做纵向研究。

趋势研究：一般是对较大规模的调查对象总体随时间推移发生的变化的研究。

同期群研究：对在某一时期具有同一特征的人群或动植物随时间的推移而发生变化的变化的研究。

追踪研究：对同一批人（物）随时间推移而发生变化的变化的研究。

统计调查：一种定量化的调查方式，它是从许多单位中收集多个单位的可对比的信息，并利用这种可对比的资料，进行汇总统计，以便对调查内容做更深入的定量分析。

实地研究：也称"实地调查"，是社会调查研究的另一种主要方式。这种调查方式是深入调查现场，利用观察、访问、座谈等方法收集少数单位的各方面的信息，以便对调查对象作深入的解剖分析。

蹲点调查：下到一个有代表性的社会单位中，进行长期的、系统的调查研究，对现行的政策、计划、措施的效果进行检查，从中发现实际工作中存在的问题，总结经验教训，探索新的政策、措施的可行性，借以指导全局工作。

第二章 ··●
调查研究过程

第一节　调查研究的一般方法

一、归纳推理

从经验观察出发，通过对大量客观现象的描述，概括出现象的共同特征或一般属性，由此建立理论来说明观察到的各种具体现象或事物之间的必然的、本质的联系。

二、演绎推理

从一般理论或普遍法则出发，依据这一理论推导出一些具体的结论，然后将他们应用于具体的现象和事物，并在应用过程中对理论进行检验。

三、假设演绎法

科学研究的逻辑方法，或称"试错法"，由演绎和归纳两种推理构成，有助于克服单纯演绎或单纯归纳的局限性。它是从问题出发，为解答问题而提出尝试性的假说或理论解释，由这一理论假说可以推导出一些研究假设，然后通过大量的观察来检验假设。

四、研究框架

将课题具体化，它可以是一种由具体理论假设组成的理论框架，也可以是由一些初步设想形成的框架图。

第二节 调查研究的准备与设计

一、调查研究的准备

在调查研究的准备阶段里，研究者在初步探索之后，必须确定具体的研究课题，阐述研究项目的目的意义和作用，提出自己的研究设想或研究假设，其中包括概念或术语的操作化定义，调查项目和测量指标及调查问卷或调查提纲，还要具体说明研究步骤、研究方法等。因此调查研究需要做以下几个方面的具体准备。

（一）初步探索

指在正式调查之前征询有关专家、学者和领导干部的意见，到调查地点进行初步考察，与基层有关人员座谈，以便了解调查任务、确定研究课题、明确调查内容、增强感性认识，为提出研究假设和制订研究方案奠定基础。

（二）研究假设

对调查对象的特征以及有关现象之间的相互关系所做的推测性判断或设想，它是对问题的尝试性解答。

（三）命　题

关于一个或更多概念（或变量）的陈述。关系：概念构成了命题，而理论由一组命题构成。命题具有不同的类型：公理、定律、假设、经验概括等，在社会研究中最常用的命题形式是假设。

（四）研究课题

说明一项调查研究所要解答的具体问题，它是关于两个或多个概念或变量间的关系的一种提问。

（五）变　量

概念的一种类型，它是通过对概念的定义和界说而转换来的。也可以说，它是对概念的具体化，它反映了概念在具体形态上的变动性。

（六）相关关系

一种相互作用、相互影响的关系。它表现为：如果变量 X 发生变化，变量 Y 也随之发生变化，那么就可以说两个变量具有相关关系。

（七）因果关系

如果变量 X 发生变化，变量 Y 也随之发生变化，反之则不然，那就可以说他们之间是因果关系。

（八）分析单位

研究者所要调查的一个点，即调查对象，它是进行调查和抽样的基本单位。

（九）调查内容

制定一项调查研究所要了解的调查项目和调查指标，它们涉及各种分析单位的属性和特征。

（十）调查指标

概念内涵中某一方面内容的指示标志，它表示经验层次的现象。

（十一）调研方案

调研方案的撰写是调研准备阶段的重要任务，它既是一份研究计划的说明书，也是对某项研究的意义、目的、研究设想、研究过程和研究方法的详细说明和规定，通过对一项研究的程序和实施过程中的各种问题进行详细、全面的考虑，制订出的总体计划和切实可行的调查大纲。

二、研究设计

研究设计一般来说是在选择确定研究课题后进行的，也就是说当研究者在选择确定研究课题以后就必须考虑这项课题应该怎么进行。但是两者在时间上的前后间隔不会很长，有的时候研究者在选择和确定研究课题的同时就要考虑具体的研究方法。对研究课题的意义、目的、性质、研究方式、研究设想、研究过程和研究方法的详细说明，它涉及研究特定社会现象或问题的具体策略，确定研究的最佳途径和选择合适的研究方法以及制定具体的操作步骤、研究方案。它既是一份研究计划的说明书，又是有关研究设想的阐述，并对研究步骤、研究方法作出详细的规定，对指导和监督研究全过程有着非常重要的意义。

一项课题的研究设计首先要确定这项课题所采用的研究方法是什么，它的研究性质和目的是怎么样的。所谓研究方式是指一项课题在研究时所采用的具体形式和方法，研究者需要根据研究课题性质和目的选择与此相适应的研究方式。研究方式和具体的研究方法、资料的特点及其分析方法以及研究对象有着密切的关系。研究方式主要有四种类型：社会调查、实地研究、文献研究、实验研究。

研究方案的设计要遵循系统性、规划性、可行性和留有余地（灵活性）的原则。研究方案的系统性是指在方案设计过程中应该以系统论的思想为指导。大规模的实证研究本身就是一项系统工程，因此在设计研究方案时首先要确定研究所要达到的目标，即该项目要达到什么水平，是要在理论上有所创新，还是在解决实际问题上提出应对策略，然后分析为达到此目标的各种条件或环境因素。其次，由于项目研究都有自己的步骤和时间上的安排以及每个阶段的任务、方法和目标，方案设计又要有规划性，即在设计研究方案时，要详细阐述每个阶段的任务、方法和目标，并要注意每个阶段的联系和衔接，研究时间的总体安排。同时还必须建立统一的组织，统一指挥和安排项目成员及各研究单位的研究活动，督促和检查研究方案的实施。再次，方案设计应该具有可行性，即在方案设计时，应该充分注意到方案的可操作性和方案实施的具体条件，要具体分析研究的主观条件和客观条件，例如研究队伍的构成、团队的总体素质，研究成果可能引起的正面影响和反面影响，研究过程中可能遇到的障碍等。可行性的另一方面是研究方案具可操作性，因此方案中目标的确定，采取的各种措施应该是具体的、详细的。最后设计方案应该留有余地，或者说具有一定的灵活性。因为人的认识能力是有限的，任何表面看似完美的方案在实际实施过程中总会遇到新问题。尤其是实地研究方案，由于实地研究的特殊性，研究方案一开始并不是很具体的，随着实地研究的逐步深入，研究者会发现许多新问题，产生新的思想，实地研究方案会随研究的深入逐步完善。这种情况在调查研究中经常发生，而且，在调研过程中出现的新情况也可能要求对原有方案进行修正。因此，在设计方案时留有一定的余地，保持一定的灵活性，可以适应周围环境条件的变化，有时甚至可以使研究水平、研究构想达到更高的层次。

研究方案的具体内容涉及从研究题目确定开始，直到资料收集、分析、报告撰写为止的整个过程。因而在设计具体方案时，应将它与研究过程中的各个阶段、各个环节、各个方面联系起来统筹考虑，即使各个阶段、各个环节相互衔接，又使各方面内容都紧紧围绕研究的总目标。具体的研究方案应当包括研究课题的目的和意义，研究的理论假设，具体的研究方式、性质、目的和具体的研究方法及成果形式，研究的分析单位的具体内容，研究人员组成、组织结构及培训安排，确定研究的时间进度和经费使用计划。

第三节　样本抽样

调查研究中的抽样方法即选择研究对象的方法或程序，是一项有力的技术。抽样的理论基础是数理统计学，但对于这些复杂的理论，此处不做深入探究，在此简要介绍抽样的概念和基本抽样方法及其应用。

一、抽样的基本概念

在调查研究中，研究者经常从一个规模很大的研究对象中，选出一部分作为研究对象，这个选取过程就是抽样。之所以要进行抽样，主要考虑研究成本和研究的可行性。根据抽样理论，无论研究涉及的研究对象有多大规模，只要抽样是按随机原则实施的，则被抽出的少数对象的情况，就能相当准确地代表全体对象的情况。而且由于选取的对象少了，研究者可以进行更细致深入的研究，得到更全面的研究资料。不过，被抽出的少数对象与全体对象毕竟不是一回事，因此无论怎么精致的抽样设计，都会产生抽样误差，于是抽样得到的少数对象的情况就不一定完全符合全体对象的情况，也就是说，根据抽样结果推断全体对象的情况有可能是对的也有可能是错的，问题是推论中的对或错的可能性是多少？如果出错的机会很少，便可能接受推论，如果出错的概率太大就无法接受推论。抽样是一门专业化技术，涉及许多专门的概念和术语，这里介绍一些抽样中常用的概念与术语。

（一）总体、元素、样本

总体：构成它的所有元素的集合。

元素：构成总体的最基本单位。

样本：从总体中按一定方式抽取出的一部分元素的集合，即总体的一个子集。

抽样：从组成某个总体的所有元素中，按一定的方式选择或抽取一部分元素的过程。或者说，抽样是从总体中按照一定方式抽取样本的过程。

抽样单位：指一次直接的抽样所使用的基本单位。抽样单位与构成总体的元素不一定相同。

抽样比率：样本中元素个数与总体中元素个数的比率，即样本规模与总体规模的比率。

对象：分析单位即收集信息的基本单位，也称为个体。

（二）抽样框和抽样单元

抽样框：又叫抽样范围，指的是一次直接抽样时总体中所有抽样单位的名单。

抽样单元：抽样框中的总体元素被称为抽样单元。

（三）参数值、统计值、置信度、抽样误差

参数值：也称为总体值。是关于总体中某一变量的综合描述，或者说是总体中所有元素的某种特征的综合数量表现。

统计值：也称为样本值。是关于样本中某一变量的综合描述，或者说是样本中所有元素的某种特征的综合数量表现。

置信度：又称为置信水平，指的是总体参数值落在样本统计值某一区间的概率，或者说，总体参数值落在样本统计值某一区间的把握性程度。反映的是抽样的可靠性程度。

抽样误差：参数值与统计值之间的差异就是抽样误差，也就是在用样本的统计值去推论总体的参数值时存在的偏差。样本统计值与总体参数值之间存在的偏差，是由于抽样本身的随机性所引起的误差。它是衡量样本代表性大小的标准，差异越大、抽样误差就越大，差异越小，抽样误差就越小。抽样误差是衡量样本代表性大小的标准，它主要取决于总体的异质程度和样本规模。一方面，如果样本规模相同，总体异质性程度越高，抽样误差越大，样本代表性越低，反之，总体异质性程度相同，样本规模越大，抽样误差越小，样本代表性越高。另一方面，如果总体异质性程度相同，样本规模越大，抽样误差越小，样本代表性越高，反之，样本规模越小，抽样误差越大，代表性越低。

二、抽样的类型

抽样的类型分为非概率抽样和概率抽样。

（一）非概率抽样

1. 偶遇抽样

又称方便抽样，是指研究者使用自己最为便利的方法来选取样本。这种方法很容易产生系统误差，样本代表性很差。

2. 定额抽样

又称配额抽样，它与分层随机抽样相似，也是按照调查对象的某种属性或特征将总体中所有个体分成若干类或层，然后在各层中抽样的方法。首先要根据某些参数值，确定不同总体类别中样本配额比例，然后按比例在各类别中进行方便抽样。

3. 主观抽样

又称判断抽样或立意抽样，即研究者依据主观判断选取可以代表总体的个体作为样本，这种样本的代表性取决于对总体的了解程度和判断能力。

4. 滚雪球抽样

是一种根据已有研究对象的介绍，不断辨识和找出其他研究对象的积累抽样方法，即先从几个适合的样本开始，然后通过它们得到更多的样本，这样一步步扩大样本范围的方法。

（二）概率抽样

依据概率论的基本原理，按照随机原则进行的抽样，能避免抽样过程中人为误差，保证样本的代表性。包括简单随机抽样、等距抽样、分层抽样、多阶段抽样。

1. 简单随机抽样

又称纯随机抽样，是指研究者严格按照随机原则来抽取样本。是概率抽样的基本形式。按等概率原则直接从含有 N 个元素的总体中抽取 n 个元素组成样本（$N > n$）。

它意味着在选取对象的过程中，一方面，要排除任何事先设定的模式，使每一个对象被选中的概率都相等，即要满足等概率要求；另一方面，对象之间相互独立，任何一个对象是否入选样本，与其他对象无关，或者说，每一个对象的抽取都是相互独立的，是一种随机事件，即满足独立性要求。是对总体中的所有个体按完全符合随机原则的特定方法抽取样本，即抽样时不进行任何分组、排列，使总体中的任何个体都同样有被抽取的平等机会。

2. 等距抽样

也称系统抽样或机械抽样。它是在按一定顺序排列好的个体中先计算出抽样间距 K，然后在头 K 个个体中，按简单随机抽样的方法抽区一个个体 K，再从 K 开始，每 K 个个体中抽取一个个体的抽样方法。它适用于同质性较高的个体。

3. 分层抽样

类型抽样，先将总体中的所有元素按某种特征或标志划分成若干类型或层次，然后在各个类型和层次中采用简单随机抽样或者系统抽样的办法抽取一个子样本，最后将这些子样本合起来构成总的样本的方法。优点：一是不增加样本规模的前提下降低抽样误差，提高抽样精度。二是便于了解总体内不同层次的情况，以及对总体内不同层次进行单独研究或进行比较。分层抽样又分为如下两种类型。

分层随机抽样：先将总体依照某一种或某几种特性分为几个子总体，每个子总体称为一层，然后从每一层中随机抽取一个子样本，将这些子样本合在一起即为总体样本的方法。

比例分层抽样：要求各层子样本在总体样本中所占比例与本层在总体中所占的比例相同。

采用分层抽样法的注意事项：一是分层的标准问题。主要变量或相关变量；各层内部同质性，各层之间异质性；突出总体内在结构的变量；已有明显层次区分的变量。二是分层的比例问题。按比例和不按比例（某层次单位太少）两种，非比例抽样的结果应予以加权分析。

4. 多阶段抽样

不将样本子群中的所有个体作为样本，而是再从中用随机抽样的方法抽出最终样本，因最终样本的获取经过两次抽样，我们称为二阶段抽样。同样地，可进行三阶段、四阶段……即多阶段抽样。多阶段抽样就是指按抽样元素的隶属关系或层次关系，把抽样过程分成几个阶段。

三、抽样的步骤

抽样作为一门严谨、精确的技术，有一套完整的操作程序。虽然不同的抽样方法在操作方法上会有一些不同的要求。但总的来说，通常都要经历三个步骤：设计抽样方案、抽取样本和评估样本。

（一）设计抽样方案

设计抽样方案包括以下几点内容：首先，是定界总体，即对抽样总体的范围和特征加以明确的说明，特别是在明确目标体的范围和特征。其次，是介绍抽样框的具体内容，即给目标，总体下一个操作化定义。再次，要确定样本所含个体数目，即样本规模的大小。最后，根据不同的目标总体，选择合适的抽样方法。

（二）抽样样本

抽样样本是指抽样人员按照抽样方案中选定的抽样方法，从抽样框中实际抽取总体元素，构成样本的过程，由于抽样方法不同，实际抽样工作既可以安排在实际调查前，也可以与实际实地调查同步进行，前者比较适合总体规模较小，事先有比较完整抽样框的情况；而后者则适合在总体规模较大，抽样采取多阶段方式进行的情况。

（三）评估样本

评估样本是指样本抽出后，对样本的代表性和各类误差情况的检验和评估，目的是防止由于样本偏差过大，而导致总体推断的失败。评估样本的方法是找出一些能够反映总体特征的资料，通常是一些统计数据，与同类指标的样本统计值进行比较。若二者之间差别不大，则可以认定样本的质量较高，反之二者之间差异明显，则样本质量存在问题，需要对其进行修正。一般来说，评估所依据的总体统计数据越多，评估效果越好。

四、样本规模

（一）样本规模

也是样本容量，指样本中所含元素的多少。影响样本规模确定的因素：总体的规模、估计的可靠性与精确性要求（置信度与置信区间）、总体的异质性程度、研究者拥有的经费、人力和时间。社会研究样本规模至少不能少于 100 个个案。小型调查：100 ～ 300；中型调查：300 ～ 1 000；大型调查：1 000 ～ 3 000。

（二）样本大小

又称样本容量，指的是样本所含个体数量的多少。样本的大小不仅影响其自身的代表性，而且还直接影响到调查的费用和人力的花费。

（三）精确度

就是这项研究能允许样本估计量有多大的误差。社会研究常选用的误差界限是 5%。

第四节　调查指标的测量

调查研究中的测量，即把某个研究设想转化为可认识、可测量的概念和指标。在调查研究中测量是一个关键的技术环节，因为如果不能精确和准确地对设计研究设想进行测量，接下来的许多研究也就无从谈起了。调查研究中的测量是一种科学观察技术，它要求观察结果必须是可检验的，或者说观察程序是可重复的，严格地说，测量是人们对现实世界耐心细致的系统观察，测量在很大程度上构成了自然科学研究的基础，许多科学研究都离不开借助测量工具进行的测量活动。

一、测量的概念

（一）测　量

指按照某种法则给物体或事件分派一定的数字和符号。对所确定的研究内容或调查指标进行有效的观测与量度，即根据一定法则，将某种物体或现象所具有的属性或特征用数字有效地表达出来。

测量要满足三个条件：准确性（测量过程中用来记录的数字或符号，能真实可靠有效反映调查对象的属性和特征）；完备性（测量规则能包括研究变量的各种状态和变异）；互斥性（每个观测对象的属性和特征都能且只能以一个数字或符号表示，即研究变量的取值必须互不相容）。

测量的四个要素：测量的客体、内容、法则、数字或符号。

（二）社会测量

指在社会调查研究中，对社会现象之间性质差异和数量差异的度量。也可看作对社会现象进行精确地、有意识地观察。

（三）法　则

即测量法则，是把数字或符号分派给调查对象的统一标准，它是一种索引或操作方法。

（四）定类尺度

也称类别尺度或名义尺度，是将调查对象分类，标以各种名称，并确定其类别的方法。它实质上是一种分类体系。

（五）定序尺度

也称等级尺度或顺序尺度，是按照某种逻辑顺序将调查对象排列出高低或大小，确定其等级及次序的一种尺度。

（六）定距尺度

也称等距尺度或区间尺度，是一种不仅能将变量（社会现象）区分类别和等级，而且可以确定变量之间的数量差别和间隔距离的方法。

（七）定比尺度

也称比例尺度或等比尺度，是一种除以上述三种尺度的全部性质之外，还有测量不同变量（社会现象）之间的比例或比率关系的方法。

（八）社会指标

或称现有的或现行的社会统计指标，是衡量、检测社会经济发展数量关系，研究社会经济发展要素的现状、相互关系和发展趋势的手段。它对社会生活现状具有描述、评价和预测未来的能力。

（九）调查指标

是指具体调查研究中所使用的，借以衡量或指示某一抽象概念的数量指标和分类指标。由多个不同的回答所构成的一个简单累加的分数。是由一组有关事物的态度或看法的陈述构成，回答者分别对这些陈述发表同意或不同意的意见，然后按照某种标准将回答者在全部陈述上的得分加起来，就得到了该回答者对这一事物态度的量化结果。

二、测量过程

测量过程包括三个步骤，首先，要把测量对象以概念的形式表示出来，或者说对测量对象形成概念化认识，也就是"概念化"的过程。其次，针对需要测量的概念，构造相应的测量工具，这属于"操作化"的内容。最后，用测量工具对测量对象进行经验观察，这是"资料收集"的任务。在量化测量中，研究者在形成研究问题、设计研究计划中要采用的变量或指标和分析单位时，就已经开始了测量过程。

不过从测量的角度考虑问题，研究者关心的并不是变量在研究假设中是自变量还是因变量，而是如何给出变量清晰的定义以及如何构造出有效的测量工具。另外，测量的操作化步骤，又可具体分为两步来完成，先是将概念操作化成指标，然后再将指标设计成问题，其中构造指标是关键的一步，因为，有了指标才能在经验层次上进行观察。但是，指标还不是问题，构造问题属于问卷设计，设计问题不仅需要遵循一定的原则，也需要掌握一定的技巧。

测量过程中，另一项相伴而行的工作就是对测量质量进行评估，即根据一些标准来判断对社会现象的测量是否成功。在测量的每一步，无论是概念化还是操作化都需要对测量质量进行判断。测量的成功与否，主要靠信度和效度两项技术性指标来评判。所谓信度，是指使用相同的测量工具，重复测量同一个对象时得到相同研究结果的可能性，指的是测量的可靠性；而效度是指测量在大多数程度上反映了概念的真实含义，指的是测量的准确性。需要补充的一点是，测量的准确度与精确度是不同的，后者代表了测量变量属性的精确性程度，在测量中通过测量层次反映出来。

三、测量质量的评估

对测量质量进行评估，就是依据一些标准来判断对事物或变量的测量是否成功。看看测量过程是否稳定可靠，测量结果是否由于测量时间、地点和操作者的变化而发生改变；同时还要看看测量结果是否准确，测量到的是否正是研究者感兴趣的变量特征。所有这些被归结为测量的信度和效度问题。

（一）信　度

即可靠性，是指使用相同指标或测量工具重复测量相同事物时，得到相同结果的可能性。也指测量结果的一致性或稳定性，测量工具能否稳定地测量所测的变量。换言之，所谓信度乃是指同一或相似母体重复进行调查或测验，其所得结果相一致的程度。

1. 再测信度

不同的时间对同一对象采取同一种测量，根据两次测量结果计算相关系数，此相关系数即为再测效度。

2. 复本信度

一套测量的两个或两个以上复本对同一研究对象同时测量并计算得分的相关系数，复本信度反映的是测量分数的等值性程度。

3. 折半信度

将研究对象在一次测量中的结果按测量项目的单双号分为两组，计算两组分数的相关。

影响信度的因素：在结构化、标准化程度较高的测量中，信度主要受随机误差的影响，随机误差越大，信度越低。随机误差的来源：一是被调查者；二是调查员；三是测量内容；四是测量环境和时间。

信度系数：即用同一样本所得到的两组资料的相关系数作为测量一致性的指标。可以解释为在所测对象实得分数的差异中有多大比例是由测量对象本身的差别决定的。信度系数高表明测量的一致性程度高，测量误差小。

（二）效　度

测量的有效度或准确度，指测量工具或测量手段能够准确测出所要测量的变量的程度，或者说是能够准确、真实地度量事物属性的程度。即测量标准或所用的指标能够如实反映某一概念真正含义的程度。含义是内容性质与程度重合的统一。在评价各种测量的效度时，往往采用三种分别从不同的方面反映测量的准确程度的类型为标准。

1. 表面效度

内容效度或逻辑效度，指测量内容或测量指标与测量目标之间的适合性和逻辑相符性。

2. 准则效度

实用效度或预测效度，指用一种不同以往的测量方式或指标对同一事物或变量进行测量时，以原有的方式或指标为准则，新的方式或指标所得到的结果与原有准则的测量结果相比，将二者的相关系数来反映测量工具和手段的效度。

3. 构造效度

即结构效度，通过利用现有的理论或命题来考察当前测量工具或手段的效度，涉及一个理论的关系结构中其他概念或变量的测量。比如两种具有一致方向的变量，是否在测量的结果中表现出一致的方向性。

（三）信度与效度的关系

信度是效度的必要条件，但不是效度的充分条件。换句话说，一个测量工具要有效度就必须有信度，没有信度就不可能有效度（必要条件）；但有了信度不一定有效度（非充分条件）。

第五节　调查研究方法

调查研究是人们了解社会、研究社会和认识社会的非常有用的工具，它是社会科学常用的四种基本方法之一。作为一种科学的研究方法，调查研究是一种系统的认识活动，它要遵循一定的程序和规范，不仅涉及资料的收集，同时还包括资料的整理与分析，并最终撰写出像样的调查报告等工作。

一、调查研究概念

调查研究简称调查，是社会研究中一种最常见的研究方式。采用自填式问卷或结构式访问的方法，系统地、直接地从一个取自某种社会群体（总体）的样本那里系统地收集资料，并通过对资料的统计分析来认识社会现象及其规律的社会研究方式。调查研究兼顾描述和解释两个目的，可信度高，能够迅速地、有效地提供有关某一种总体的丰富的资料和详细的信息；应用范围十分广泛。

特征：抽取一定规模的随机样本；依靠调查问卷；巨大的量化资料，依赖计算机统计分析资料。研究者从中实际抽取调查样本的个体的集合体，往往是对研究总体的进一步界定，即对时间、范围的进一步规定。一般来说，样本只能推论调查总体而不是研究总体。调查个体，即收集信息的基本单位，也称为分析单位。

二、调查研究过程

完整的调查研究包括五个主要的阶段：选题阶段、设计阶段、实施阶段、分析阶段和总结阶段。

（一）选题阶段

主要任务包括两个方面：从现实社会中存在的大量的现象和问题中，恰当地选择出一个有价值的、有创新的和可行的调查问题；将比较含糊、比较笼统、比较宽泛的调查问题具体化和精确化，明确调查问题的范围，澄清调查工作的思路。

（二）设计阶段

又叫准备阶段，全部工作包括两个方面：一是方案选择，即为达到调查目标而进行的调查设计工作，包括调查思路、策略到方式、方法和具体技术细节等各方面的设计和准备；二是工具准备，即问卷的设计和制作，还有调查对象的选取工作。

（三）实施阶段

又叫调查阶段，该阶段的主要任务就是具体贯彻调查设计中所确定的思路和策略，按照调查设计中所确定的方式、方法和技术进行资料的收集工作。

（四）分析阶段

主要任务是实地调查所收集到的原始资料进行系统的审核、整理、统计、分析。

（五）总结阶段

主要任务是撰写调查报告，评价调查质量，应用调查结果。

三、研究方法

（一）问卷法

前面我们已经讲过调查研究的一个显著特征是通过一份标准化的问卷来收集资料，而一项调查能否获得成功很大程度上就依赖于所使用的那份问卷。

问卷是社会调查中用来收集资料的一种工具，问卷在形式上是一份精心设计的问题表格，其用途是用来测量人们的行为、态度和社会特征。包括：封面信、指导语、问题、答案、编码。问卷调查是利用设计好的问卷对大量样本进行调查以收集数据资料，并对所收集的资料进行统计分析的社会调查研究方式。

1. 问卷设计的原则

一是要明确问卷设计的出发点，既不要漏掉一些必需的材料，也不能包含一些无关的材料。二是明确阻碍问卷调查的各种因素，包括主观上的障碍：畏难、顾虑、无责任感、毫无兴趣；客观上的障碍：阅读能力、记忆能力、计算能力。三是明确与问卷设计紧密相关的各种因素，包括调查的目的、调查的内容、样本的性质。

调查目的：如果调查目的是了解一般情况，问卷设计就围绕被调查对象的各个方面的基本事实来进行；如果调查目的是要作出解释，则问卷中必须问什么、不必问什么都将受严格控制。

调查内容：如果内容是被调查者熟悉的，则问卷内容可详细、深入，题目可多些。

样本的性质：被调查者的职业、文化程度、性别、年龄分布都会影响问卷设计，如果被调查者是学生，则问卷题目可有深度，问题数量可多些。

2. 问卷设计的步骤

第一，探索性工作，围绕所要调查的问题，自然地、随便地与各种对象交谈，并留心观察他们的特征、行为和态度。第二，设计问卷初稿，卡片法、框图法。第三，试用，包括客观检验法：用小样本检验，看回收率、有效回收率、填写错误、填答不完全；主观评价法：由该领域的专家、研究人员以及典型的被调查者。第四，修改定稿并印制，无论是版面安排上的不妥，还是文字上、符号上的印刷错误，都将直接影响到最终的调查结果。

3. 问题形式

填空式、是否式、选择式、矩阵式、表格式。矩阵式和表格式虽然节省问卷篇幅，但易使人产生呆板、单调的感觉，不宜多用。问题的语言及提问方式应遵循下列原则：语言要尽量简单；陈述要尽可能简短；避免带有双重或多重含义（您的父母退休了吗）；不能带有倾向性（你不抽烟，是吗）；不要用否定形式提问（你是否赞成对物价不进行改革）；不要问被调查者不知道的问题（您对我国的社会保障制度是否满意）；不要直接询问敏感问题。

问题的顺序：简单易答的问题、能引起被调查者兴趣的问题、被调查者熟悉的问题放在前面；先问行为方面的问题，再问态度、意见、看法方面的问题；个人背景资料、开放式问题放在后面。

答案的设计：穷尽性和互斥性。

问题的数量：20分钟完成为最好，最多不超过30分钟。根据下列情况，数量可增多：结构式访问、付给被调查者报酬或送一点纪念品、问卷本身质量比较高、调查内容是被调查者熟悉的、感兴趣的、关心的。

4. 妨碍问卷调查的主观、客观因素

主观上的障碍，即由被调查者心理上和思想上对问卷产生的各种不良反应所形成的障碍。如问卷内容过多，或需要思考、回忆、计算的问题太多时，容易产生为难情绪；问题涉及个人隐私等敏感内容时容易产生顾虑；调查的目的、内容、意义解释不够时，容易对调查不重视，缺乏积极性和责任感；问卷内容脱离其生活实际时，或语言与其文化背景不协调，或形式设计呆板杂乱时，可能对调查毫无兴趣，置之不理。

客观上的障碍，即由被调查者自身的能力、条件等方面的限制所形成的障碍。如，阅读能力带来的限制；理解能力的限制；记忆、计算能力的限制。

5. 自填问卷

由被调查者自己填答的问卷。调查员将问卷表发送或邮寄给被调查者，由其自己阅读和填答，然后由调查员收回或邮寄回的资料收集方法。包括个别发送法、集中填答法和邮寄填答法。

（1）个别发送法。优点：节省时间、经费和人力，具有很好的匿名性，可避免人为因素的影响。缺点：回收率难以保证，对被调查者的文化水平有要求，调查资料的质量得不到保证（信度）。

（2）集中填答法。优点：更节省时间、人力和费用；比邮寄法更能保证问卷填答的质量和回收率。缺点：许多调查研究的样本根本就不可能集中；存在"团体压力"或"相互作用"。

（3）邮寄填答法。优点：邮寄填答法在西方国家比较普遍。方便、便宜、代价最小的资料收集方法。缺点：难以获得框架；回收率低（提高措施：关于调查主办者的身份要经过慎重考虑，尽可能采用比较正式、非营利、给人以信任感的身份；寄问卷的封面信最好单独打印，并用一个小信封单独封装；应该考虑寄问卷的时间；采用跟踪信或电话。

6. 访问问卷

由访问员根据被调查者的口头答案来填写的问卷。调查员依据事先设计好的调查问卷，采取口头询问和交谈的方式，向被调查者了解社会情况、收集有关社会现象资料的方法，可划分为当面访问和电话访问法。

当面访问法。优点：回答率高，资料的质量好，调查对象的范围广泛。缺点：访问员与被访问者间的互动会影响调查的结果；匿名性较差；费用高、时间长；对调查员的要求高。

7. 电话访问法

国内主要集中在北京、上海、广州、武汉等大城市。需要"计算机辅助电话访问系统"。多用于市场调查和舆论调查。做法：设计问卷表并录入计算机，设计抽取电话号码的程序，挑选和培训调查员，实际展开电话访问。优点：十分迅速，省钱（简单调查），便于对调查员的监督。缺点：电话号码本不是理想的抽样框，调查时间不能长（10分钟以内）。

8. 调查的实施与组织

主要包括4个方面：调查员的挑选、调查员的训练、联系被调查对象和对调查进展的质量监控。

（1）调查员的挑选。诚实认真，兴趣与能力，勤奋负责，谦虚耐心。特殊条件是依据研究的主题、社区的性质、被访问对象的特点来考虑。调查员应熟悉该社区的风俗习惯、文化传统等，被访问者与调查员年龄等特点应相似。

（2）调查员的训练。介绍该项研究的计划、内容、目的、方法；介绍和传授一些基本的和关键的调查访问技术（如敲门、自我介绍）；进行调查和访问实习；建立相互联系、监督和管理的办法及规定。

（3）联系被调查对象。通过正式机构（民政部门、妇联）；通过当地部门（街道、居委会、企业）；通过私人关系；直接与被调查者联系。

（4）对调查进展的质量监控。合理组建调查队伍（小组规模以 4～6 人为宜，男女各半）；建立监督和管理的办法及规定；实地抽样的管理和监控；实地访问的管理和监控；问卷回收和实地审核的管理与监控。

（二）实验研究

实验研究的方法起源于自然科学，也更多地在自然科学中应用。通常，研究者不会满足于对社会事物或现象进行一般的描述。当我们对社会现实中的某种事物或现象感兴趣，或者发现两种社会事物或现象之间存在着一定的联系（即发现两事物有相关性）时，我们往往会探索这两种现象之间是否存在着因果关系。研究的目的就是探索和认识各种社会事物发生、发展及变化的原因。在这方面，实验研究的方式发挥着十分重要的作用。

1．实验研究的基本逻辑

实验是一种经过精心的设计，并在高度控制的条件下，通过操纵某些因素，来研究变量之间因果关系的方法。实验的基本目标是决定两个变量之间是否具有因果关系。其特征是控制情境和变量来研究社会行为和社会现象的变化，以建立变量间的因果关系。实验研究 3 个基本要素：实验组与控制组；前测与后测；自变量和因变量。

2．实验研究的过程

设计：实验设计一般用经典实验设计，也是古典实验设计，最基本也是最标准的实验设计。包含实验设计的全部要素：实验组与控制组；前测与后测；自变量和因变量；随机指派。

实施：实施实验研究的步骤一般为：分组—前测—刺激—后测—分析。

分组方法：将全体实验对象按随机的原则，将研究对象分派到两组中（即实验组和对照组）。

前测：对两个组的对象同时进行第一次测量。

实验刺激：对实验组给予实验刺激，但不对对照组实施刺激。

后侧：实验研究中在对实验组给予实验刺激之后一定时间对两组同时进行测量。

分析：比较和分析两个组前后两次测量结果之间的差别，即可得出实验的影响。

（三）文献研究

1．文献研究概念

文献原义指包含各种信息的书面材料或文字材料。随着社会和信息传播载体的发展，可定义为包含我们希望研究的现象的任何信息形式。包括个人文献、官方文献、大众传媒；原始文献和二次文献。

常见文献类型：日记、回忆录和自传，信件，报刊，官方统计资料，历史文献。

文献研究：不是直接从研究对象那里获取研究所需要的资料，而是通过收集和分析现存的，以文字、数字、图片、符号以及其他形式出现的文献资料，来探讨和分析各种社会行为、关系、现象的研究方式。

2. 文献研究的主要类型

内容分析：对各种信息传播形式的明显内容进行客观的、系统的和定量的描述和分析。尤其是对报纸、杂志、广播、电视等大众传媒信息的分析，其适应面最广泛。

二次分析：主要是对其他研究者先前为别的目的所收集和分析过的原始数据进行再次分析和研究。分析与原问题不同的问题或是对原问题的深入或检验。

3. 文献研究的步骤

选择研究的主题（要求主题适应资料，主题随研究资料来变动）—寻找合适的资料—对资料的再创造—分析资料（现存统计资料分析：利用现存的统计资料（以频数、百分比等统计形式出现的聚集资料，为研究数据进行分析的方法）。

4. 文献研究优缺点

优点：无反应性，资料收集过程中可能受研究者主观偏见的影响，但收集方法本身不会导致资料发生变化；费用低，省钱省时；可研究那些无法接触的研究对象；适用于做纵贯分析；保险系数相对较大，弥补过失相对其他研究方式更为容易。

缺点：许多文献的质量难以保证；有的资料不易获得；许多文献资料由于缺乏标准化的形式，因而难于编码和分析；效度和信度有一定的问题。

（四）实地研究

1. 实地研究概念

实地研究是一种研究者以不带理论预设的方式，深入研究现象的生活背景中，以参与观察和无结构访谈的方式收集资料，并通过对这些资料的定性分析来理解和解释现象的社会研究方式。通过参与观察和询问，去感悟研究对象的行为方式及其在这些行为方式后蕴含的文化内容，以逐步达到对对象及其社会生活的理解。是唯一一种具有定性特征的研究方法。可以说是参与观察和个案研究的合称。

个案研究是对研究对象总体中的某个单一元素进行的调查，即对某个个体、事件、社会群体、社会组织或社区所进行的深入全面的研究。个案研究的目的：深刻揭示蕴含在研究对象中丰富的个体特征和详细的实践发展过程，深入地观察或访谈来获得详细、具体和生动的研究资料。

2. 实地研究程序

在确定了研究的问题或现象后，不带任何假设的进入现象发生的场景中，参与研究对象的生活，观察现象发生的过程，或通过深入访谈收集定性资料，以此进行分析和归纳，揭示和解释现象发生的原因，逐步归纳理论命题。

3. 研究的方法

一般采用参与观察或访谈的方式进行。

（1）观察。指的是带有明确的目的，在现象发生的场景附近或其中，用自己的感官和辅助工具去直接或间接地、有针对性地了解正在发生、发展和变化着的现象。要求观察者的活动具有系统、计划、目的性，并对所观察到的事实作实质和规律性的解释。

1）根据观察地点不同分为实验室观察法、实地观察法、局外观察法和参与观察法。

①实验室观察法。在备有各种观察设施的实验室内，对研究对象进行的观察。

②实地观察法。在现实社会生活场景中所进行的观察，实地研究中常用。通常是直接的，不借助其他工具、仪器的观察。

③局外观察法（也称非参与观察法）。观察者处在被观察的群体或现象之外进行远距离观察，完全不参与其活动，尽可能地不对群体或环境产生影响，最理想的状态是隐蔽观察。

④参与观察法。研究者深入研究对象的生活背景中，在实际参与研究对象日常社会生活的过程中所进行的观察，是一种非结构性的观察。

A. 优点：获得社会现实的真实图像。

B. 缺点：资料缺乏信度 / 可靠性；程序不明确，观察无系统，资料非定量，导致研究结果不可重复；参与观察的结果依赖于观察者的个人素质和能力；无法避免主观因素的影响。

C. 参与观察的应用：一是深入了解现象发生的过程，而非验证理论。二是角色转换。包括 a. 移情理解：参与观察之初，研究者要尽快进入角色，作为研究者的角色转换为观察对象群体的意愿，即语言、行为、生活方式上的同化于观察对象及其社区，以达到移情理解。b. 超脱理解：要对观察的现象和行动进行分析，判断和解释时，要随时跳出角色，恢复研究者客观、中立的立场上来，从局外人的角度，重新审视被观察对象的行为表现，发掘其具有的客观含义，达到超脱理解。

D. 参与观察的重要性：一是定性研究—个案研究中尽可能地扩大理论建构的经验资料的范围和深度；二是能在参与对象的真实生活过程中掌握和记录研究资料；三是非结构的观察减少主观看法和观点的影响。

2）根据观察方式的结构化程度分为结构观察和非结构观察。

①结构观察。按照一定的程序、采用明确的观察提纲或观察记录表格对现象进行的观察，多采用非参与 / 局外观察的方式，内容固定。

②非结构观察。没有任何统一的、固定不变的观察内容和表格，完全依据现象发生、发展和变化的过程所进行的自然观察，多采用参与观察的方式，结果没有统一的形式，通常只能用于定性分析。是实地研究的最主要的观察方式。

（2）访谈。

1）访谈分正式访谈、非正式访谈、个案访谈和集体访谈。

①正式访谈：研究者事先有计划、有准备、有安排、有预约的访谈。

②非正式访谈：研究者在实地参与研究对象社会生活的过程中，随时碰上的，无事先准备的、更接近一般闲聊的交谈。

③个案访谈：从访谈对象看包括个别访谈（访谈对象是单个的个体，能较真实地获得个体的意见）。

④集体访谈：也称座谈会，将若干个访谈对象集中起来，同时进行访谈的方法。特点是存在访谈员和被访者及被访者之间的社会互动，用于收集特定群体的共同意见。

2）从访谈内容组织看分为结构访问法和无结构访问法。

①结构访问法：调查者依据结构式的调查问卷，向被调查者逐一提出问题，并根据被调查者的回答在问卷上选择合适的答案的方法。要求在访谈程序、内容、提问方式等尽可能标准化，减少访谈过程中人为因素或主观因素的影响，增加资料的客观性和可信赖程度，便于统计处理。包括当面访问法和电话访问法。前者的优点是调查的回答率高，资料的质量好，调查对象的适用范围广，弱点是双方的互动影响调查结果；匿名性差；费用高，时间长，代价高；对调查员的要求高。后者优点是迅速，简单易行，节省资金，便于对调查员的监督和管理。缺点是调查对象的代表性的困难；调查时间不能太长，多用于市场调查和舆论调查。

②无结构访问法：又称深度访谈，包括正式和非正式访谈。与结构式访谈相反，并不依据事先设计好的问卷和固定的程序，而是只有一个访谈的主题或范围，由访谈员和被访者围绕这个主题或范围进行自由的交谈。无结构访谈的作用在于通过深入细致的访谈，获得丰富生动的定性资料，通过研究者主观、洞察性的分析，从中归纳和概括出某种结论。

3）访谈的优点：适合在自然条件下观察和研究人们的态度和行为；研究效度较高；方式比较灵活，弹性较大；适合研究现象反正变化的过程及其特性。缺点：概括性较差；信度较低；对研究对象的影响无法控制；所需时间较长；伦理问题。要求更高的访谈技巧。

4）访谈要点：一是访谈前要对访谈的主要目标和要了解的内容有明确的认识；二是对对象的各方面情况与特征尽可能详细了解，达到两个目的，即给自己安排合适的角色和更好地理解其谈到的情况；三是时间地点以被访谈者的方便为原则；四是开场白简明扼要，意图明确，重点突出；五是创造访谈的气氛，顺利开始访谈；六是专心听，认真记，保持目光接触，给对方以受尊重和价值感；七是正确的记录方法，当场或事后记录。

4. 实地研究的基本特征

（1）强调实地，研究者一定要深入研究对象的社会生活环境，且在其中生活相当长一段时间，靠观察、询问、感受和领悟，去理解所研究的现象。

（2）是参与观察与个案研究的总称，从研究背景和对象范围上看，个案研究是其特征，从研究方式和资料收集方法上看，参与观察是其突出特点。

（3）不同于其他三种研究的是，不仅是一种资料收集过程，同时也是理论形成的过程。

5. 实地研究的优点和缺点

优点：适合在自然条件下观察和研究人们的态度和行为；研究的效度较高；方式较为灵活，弹性较大；适合研究现象发展变化的过程及其特性。

缺点：括性较差；信度较低；对研究对象的影响；所需时间较长；存在伦理问题。

第六节 资料的审核和整理

一、资料的审核

资料审核是将调查研究所得的所有资料，在着手整理调查资料之前，对原始资料进行审查与核实的工作过程。资料审核是保证资料的准确性、完整性和真实性。资料审核的方法具体如下。

实地审核：又称收集审核，是指审核工作和收集工作同步进行，边收集边审核。

系统审核：在收集资料后集中时间进行审核。

多次审核：对重要资料进行反复的各种形式的审核。

二、资料分类

第一手资料：直接调查获得的资料。

第二手资料：间接调查获得的资料。

三、资料的整理

根据研究目的将经过审核的资料进行分类汇总，使资料更加条理化和系统化，为进一步深入分析提供条件。

（一）分　类

根据研究对象的某些特征将其区分为不同种类，适用于全部调查资料。

前分类：在设计调查提纲、调查表格或问卷时，按照事物或现象的类别设计指标，然后再按分类指标收集资料、整理资料。

后分类：在调查资料收集起来以后，再根据资料的性质、内容或特征，将他们分别集合成类。

现象分类法：根据事物外部特征或外在联系进行分类的方法。

本质分类法：也称科学分类法，是指根据事物本质特征或内部联系进行分类的方法。

（二）分　组

是根据调查对象的某些特征将其区分为不同种类，只适用于统计资料。

（三）统计表

资料通过统计汇总，得出许多说明社会现象和过程的数字资料，把这些资料按照一定的目的，在表格上表现出来，这种表格就是统计表。统计表分类如下。

1. 简单表

总体未做任何分组，仅罗列各单位名称或按时间顺序排列的表格。

2. 简单分组表

总体仅按一个标志进行分组，即运用简单分组形成的表格。

3. 组距分组表

每个组都有其上限与下限的简单分组表。

4. 复合分组表

又称交互分类表，是总体按两个以上标志进行层叠分组的统计表。这种表能表现两个分组标志之间的关系。

第七节 资料的统计分析

一、定量分析

统计分析也叫定量分析，是人们认识社会现象的一种科学手段，是认识社会现象的一种主要分析工具。它把人们收集来的社会现象数量方面的资料，利用各种数学模型，借助统计学和计算机技术揭示数据后面隐藏的关系、规律和发展趋势。统计分析离不开定性分析或理论分析，它要以定性分析为基础，对概念加以界定和分类，统计分析的结果需要一定的理论加以解释。从这个意义上说，统计分析只是一种认识手段或工具。统计分析方法主要分为描述统计和推论统计，根据变量的多少又可分为单变量、双变量和多变量分析。统计分析的初步知识包括集中量数分析、离散量数分析以及相关、回归、推论的基本常识。

（一）集中量数

集中量数又称数据的中心位置、集中趋势，它是一组数据的典型值或代表值，代表一组数据的一般水平或平均状况，表明某一数量在一定时间、地点和条件下的共同性质。集中量数既可以说明某种社会现象在一定条件下的一般状况，也可以比较不同空间同类现象的差异程度和特定现象在不同时间中的变化，甚至可以分析社会现象之间的依存关系。

用集中量数来代表一组数据，对原始数据来说，是一种简化的过程。集中量数虽然丧失了原先数据所具有的实在性，然而这种丧失是以科学的抽象为前提的，因而它能帮助我们更深入地了解这组数据。常用的集中量数计算方法主要有：算术平均数、中位数和众数。

1. 算术平均数

平均数年的计算方法主要有调和平均数、几何平均数和算术平均数。其中算术平均值是最常用的方法。简称平均数、均数、均值。计算公式是总体各单位数值之和除以总体单位总数的商。

2. 中位数

也叫位置平均数，是把调查到的数据资料按照标志值大小顺序排列，处于中央位置的标志值表示中间位置的平均数。对于那些只有大小、高低、强弱等顺序的定序变量，由于不能对它们进行乘除运算，无法用平均数表示它们的集中量数，一般采用中位数作为集中量数。中位数的意义在于在一个有序排列的数据中，各有一半数据值在它之上或之下。

3. 众数

就是在一组数据中重复次数最多的标志值，即多数的概念。在定类变量中，众数是指出现次数最多的变量的标志（项目），而不是具体的数值。求众数最主要的方法是直接观察法，在一组数据（一个变量）中，出现次数最多的标志或项目就是众数。

集中量量数的三种计算方法各有自己的特点：平均数对数据的利用效率最高，它可从无序的数据中直接求出，其计算可运用数学方法，运算的结果可以成为其他统计运算的基础，因此，在数理统计中得到最广泛的运用。其主要缺点是由于每个数据都加入运算，容易受极端数值的影响，这在数据较少的情况下表现得比较明显。

中位数不受极端数值的影响，在两极端数值不明确的情况下，仍求出中位数。实际上，中位数需要知道一个数据的值（正中间那个数据的值）就够了，其余数据的值即使一无所知也无所谓，这也说明中位数对数据的利用效率较低。

众数是量化程度最低的一个集中量，仅说明数据中何种情况最多。一组数据中不同类别的次数如果相差悬殊，众数可以成为反映这组数据的较好指标；如果可类别的次数很接近，众数的意义不大，而且，当一组数据出现两个及两个以上的峰值时，众数就不适用了。

（二）离散量数分析

集中量数以一个数来代表一组数据，表示着一组数据的一般特征和水平。但是，数据资料还有分散的一面，及离散趋势的一面，因此仅靠集中量数还难以准确的说明一组数据。为了比较全面地反映数据的特点，除了需要集中量数外，还需要计算离散量数，离散量数也称离散趋势离中量数或差异量数，它表示一组数据的差异情况和离散程度，反映的是数据的波动状况。

集中量数和离散量数是一种对应关系，集中量数的代表性程度，需要由离散量数来说明：离散量数越大，集中量数的代表性越小；反之，离散量数越小，集中量数的代表性越大；集中量数是指量尺上的一个点，离散量数是指量尺上的一段距离，两者的结合才能比较清晰地反映一组数据的分布状况。因此离散数值越大，数据的离散程度就越大，集中量数的代表性就越小。常用的离散量数主要有：全距、异众比率、四分位差、标准差以及相对离散量数。

1. 全距

全距也称极差或两点距，是一组数据中最大值和最小值之差。全距的大小与集中量数的代表性程度成反比，即全距越大，集中量数的代表性越低。全距虽然是表示离散程度的最简明的方法，计算方法最容易，但数据最不可靠，因为全距只由数据中的两个极端数据来决定，其余数据均不起作用。一般情况下，全距只用于预备性检查，目的是大体上了解数据的分布范围，确定分组。

2. 异众比率

异众比率是反映众数代表性的离散数，主要是用于定类变量。异众比率的意义是指出众数不能代表的那一部分个案在总体中的比重。异众比率数值越小，众数代表性越大。

3. 四分位差

四分位差是反映中位数代表性的离散量数，主要是用于定序变量。它指在一组数据中，中间 50% 的次数所占的距离。计算四分位差，首先要确定四分位数，所谓四分位数是将一组数据按高低、大小的顺序加以排列，并将其分为四个相等的部分。四分位数的计算，与中位数的计算原理完全相同，计算步骤也极为相似。

4. 标准差

标准差也称为平方根差，它是各单位标志值与平均数离差平方和的平均数的平方根，标准差的平方即为方差。标准差是设定变量变异程度的重要方法。由于标准差最符合数学原理，因此是用来计算变异量的常用方法，是我们畜禽生产性能统计时最常用到的方法。但是标准差主要适用于定比测量，或者由定比测量而转换的定距测量。

（三）相关、回归及推论简述

统计学是一门学科，集中量数和离散量数是统计学中最基本的知识，除此之外，还有计算变量之间关系的相关统计和回归分析，以及把统计结果推论到总体的方法；它还涉及两个变量和多个变量之间的关系，因此，简要介绍有关相关、回归和推论的一些常识。

1. 相关和相关分析方法

相关。事物之间的联系大致可分为两类，一类是确定性关系，变量之间存在着一一对应的关系，即函数关系；另一类是不完全确定的关系，两个变量之间存在着相互依赖，相互影响的关系，却不是严格的一一对应关系，称为相关关系。相关关系反映的是变量之间是否存在联系以及联系的程度。确定性关系与相关关系之间往往无法截然区分，一方面，由于测量误差等随机因素的影响，确定性关系在现实中往往通过相关关系表现出来；另一方面，人们对客观事物的内部规律了解得更深刻时，相关关系又有可能转化为确定性关系。

相关关系主要有三种形式：正相关，负相关和零相关。两个变量之间同方向变动的关系，叫正相关，即一个变量的数值增大，以其相关的另一变量的数值也随之增大，或反之，一个变量的数值变小，另一个变量的数值也随时变小。变量之间反方向变动的关系叫作负相关，即一个变量的数值变大，伴随的却是另一个变量的数值变小。所谓零相关是指两个变量之间不存在相关关系。根据相关的强度大小，还可分为强相关、弱相关，强负相关、弱负相关。

相关与因果。因果关系是相关关系的特殊形式，它是指当其中一个变量（X）变化时，会影响或导致另外一个变量（Y）的变化，但是反过来，当 Y 变量发生变化时，却不会引起 X 变量的变化。在因果关系中，发生在前面并引起另外一个变量发生变化的变量，即 X 称为自变量，被引起变化的变量称为因变量。

相关统计量和相关统计方法。用一个统计值表示两个变量之间的相关程度，即相关统计量。相关统计量的数值在范围 –1 到 1 之间，其绝对值越大，说明变量之间的相关越大。若相关统计量大于 0，表明变量之间呈正相关，若小于 0，是负相关，若等于 0，则是零相关。假如正好等于 1 或 –1，表明非确定性的相关关系转化为确定性的函数关系。

2. 列联表分析

列联表又称两变量交互分类表，是用来分析两个变量时间关系的最基本的方法。它是将研究所得到的数据按照两个不同的变量及其标志进行分类，显示两变量之间的数据分布及其依存关系。

3. 回归分析和推论

回归分析。回归分析和相关分析既有联系又有区别。两者的联系是：第一，相关关系是一种非确定性的关系，变量之间不存在完全精确的函数表达式，但是通过大量的观测数据可以找出存在于它们之间的统计规律，并且可以用一个近似的函数式来表达变量之间的关系。回归分析就是在分析观测数据的基础上，确定一个能反映变量之间关系的近似函数表达式。因此，回归分析是研究相关关系的一种有效方法。第二，回归分析是对有相关关系的现象，根据其关系形态建立回归方程；反过来，通过回归方程又可以比较直观地具体地描述变量之间的关系。两者的区别是：相关表示两变量之间的相互关系，一个变量的变化会导致另一个变量的变化，反过来同样成立，它们的关系是双向的，不存在因变量和自变量的区别；而回归有因变量和自变量之分，它们的关系是单向的，因变量 Y 随自变量 X 的变化而变化，反映的是因果关系，并且具有预测功能。可以说，相关是回归的必要条件，有相关关系不一定有回归关系，没有相关关系，肯定没有回归关系。

推论统计。所谓推论统计指的是由样本资料或结论推断总体的统计方法，即在所掌握的信息不完全的情况下所作的一种归纳性推理。从推理统计的内容看，推论统计的基本问题分为两大类，一类是参数估计问题，另一类是假设检验问题。参数估计主要采用区间估计方法，即用区间形式给出未知数的估计值范围。假设检验即先对总体的某一参数作一假设，然后用样本统计量去验证，以决定假设是否为总体接受。

二、定性资料分析

与定量分析不同的是定性资料分析方法基本上与数字无关、与统计无关，而这是由定性研究的性质决定的，与定量研究那种规范程序，客观方法以及标准化技术不同，定性研究更强调主观分析，研究者的偏好、习惯和经验对研究产生很大影响。

定性资料是研究者从实地研究中所得到的各种以文字、符号表示的观察记录、访谈笔记以及其他类型的记录材料。其特点是：来源多样；形势无规范；不同阶段的变异。对于定性资料，可以采用定量或者定性两种不同的方式进行分析，其中定量分析主要是指前面介绍的内容分析方法，而定性分析是对观察进行非数字化的考察和解释的过程，其目的是要发现内在的意义和关系模式。

定性资料分析的过程是一个对资料进行分类、描述、综合、归纳的过程，它遵循归纳逻辑，即从一个个具体的特别经验事件，概括和抽象到普遍理论认识的过程。具体来说，对资料进行编码是定性分析的一条主线，它既依赖于前期的概念形成过程，同时又将撰写备忘录作为一项补充技术来使用。不仅如此，在定性分析中，研究者往往会采取包括实例说明、比较分析和事件流程图等多种分析策略。

概念化：概念化能为资料分析提供一个很好的基础和框架，定量分析一般是在收集和分析资料之前就完成了概念的形成和精确化，即概念化是一个独立于资料分析的环节。但对于定性分析来说，概念化是在资料收集之初就开始了，它与资料分析是同步完成的，研究者需要根据资料来形成新的概念或精练已有的概念，即概念化是资料分析的一个有机组成部分。由此可见，概念化是资料定性分析中组织资料、赋予资料意义的一种主要方式。

编码：研究者关注于资料本身，不断为资料中所呈现出的各种主体分配编码标签。即先设置一些主题，同时将最初的代码或标签分配到资料中，以便将大量零散的、混杂的资料转变为不同的类别。轴心式编码是从一组初步的主题或初步的概念开始。在此方式中，研究者更为注重的是主题，而不是资料，即研究者的头脑中带有基本的或初步的编码主题去看待资料，阅读资料；选择式编码是在浏览资料和进行开放式或轴心式编码工作的基础上，有选择地寻找那些说明主题的个案，并对资料进行比较和对照，研究者在发现出某些概念，并开始围绕几个核心概念或观点来组织他们的总体分析时着手进行这种工作。

备忘录：是实地笔记的一个特殊类型。实地研究者对于自己在整理和编码资料、提炼概念过程的想法和观点的记录或讨论，这种备忘录是研究者写给自己的，或者说是自己与自己进行讨论的一种笔记。可以以全部概念或主题为线索建立一个完整的备忘录体系。

定性资料分析的两种途径：寻找资料的相似性；寻找资料中的相异性。

一致性比较法是将注意力集中于各个不同个案所具有的共同的特性上，通过排除的过程来进行。研究者先找出不同个案所具有的某种共同的作为结果的特性，然后再比较各种作为可能的原因的特性。如果某个个案中作为原因的特性不为所有具有共同结果的个案所共有，那么，研究者就将这种特性从可能的原因中排除掉，所剩下的所有个案共有的特性则为可能的原因。

差异性比较法是先找出那些在许多方面都十分相同，但在少数方面不同的个案，然后找出这些个案具有相同的原因和结果的那些特性，同时找出另一组在结果上与此不同的个案，比较两组个案，查找那些在不出现结果特性的个案中，也没有出现的原因特性。这种没有出现的特性就是结果的原因。比一致性比较法复杂，但能更有力地说明问题。

流程图方法：以历史和现实发展过程为标准，对定性资料所进行的描述。

定量资料分析方法与定性资料分析方法的区别：一是分析程序与技术的标准化程度不同；二是资料分析的开始点不同，后者贯穿研究的过程，前者是一个特定阶段；三是与社会理论的关系上不同，前者多用于检验理论或假设，后者多用于建构理论；四是分析的方式和所用的工具不同。

第三章 ···●
畜禽品种资源调查方法

第一节 个体调查技术要求

每个畜禽品种资源的调查都通过对个体的抽查测定一些数——并对测定所得的数值进行统计分析，用统计分析结果来反映调查群体的遗传资源情况，由此，个体调查中个体的抽样选择、测定方法及数值的选取尤为重要，因此，对个体调查作如下技术要求。

一、抽样地点

就目前畜禽遗传资源的前期调研情况来看，大家畜动物如牛、马等动物品种在原产地有保护区或在异地有保护场，个体调查时在每个品种的中心产区随机选择调查点，一般每个品种不少于5个调查测定点，调查点要有代表性，调查点之间保持一定距离，如有保种场，则在保种场内查阅相关遗传信息记录后确定采样个体，避免近亲采样。中小家畜或家禽个体采样调查抽样要求在不同的保种场内按不同品系分别抽样测定。

二、测定数量

每个品种的测定数量，依不同品种，有很大差异，每个品种的测定数量，从生物统计考虑，建议测定以下数量。

大家畜牛、马等：成年公畜10头（匹）以上，成年母畜30头（匹）以上。

绵山羊：成年公羊20只以上，成年母羊50只以上。

猪：成年公猪10头以上，成年繁殖母猪30头以上。

家禽（鸡、鸭、鹅）：成年公禽30只以上，成年母禽60只以上。

兔：成年公兔30只，成年母兔60只。

三、个体选择

个体调查应选择成年畜禽，逐一对每个品种每个个体动物的体形外貌特征进行描述。为描述准确表达，应考虑被测畜禽的体况，一般选择在正常饲养管理水平条件下的个体，观测者须站在被测家畜左侧 1.5～2.0m 距离处。第一步对家畜头部、角型、颈部、肩部、背部、腰部、臀部至尾部进行观察。第二步观察四肢站立及蹄是否端正。第三步转到被测家畜的正前方观察前胸发育及前肢站立姿势。第四步转到后方观察躯臀部发育及两后肢的丰满度与站立姿势。公畜还要检查睾丸的发育，母畜应检查乳房及乳头发育，有无副乳头等。

四、体尺测量

测量畜禽体尺时，可使用测杖或皮尺。对选择测量的畜禽个体，一定要牵引至平坦地面处，大家畜在有保定措施前提下，人工辅助站稳（如下图，小家畜或家禽、兔和蜜蜂除外）。具体按有关章节要求的方法进行测定。

牛的体尺测量

五、体重的估算

考虑到在现场调查中对被测畜禽（特别是牛、马、猪）品种个体称测体重的困难，成年家畜体重估算可按以下公式进行估算。

黄牛体重 = 胸围² × 体斜长 ÷ 10 800

式中，体重单位为 kg；胸围单位为 m；体斜长单位为 cm。

水牛体重 = 胸围² × 体斜长 × 90

式中，体重单位为 kg；胸围单位为 m；体斜长单位为 cm。

牦牛体重 = 胸围² × 体斜长 × 70

式中，体重单位为 kg；胸围单位为 m；体斜长单位为 cm。

驴体重 = 胸围²× 体斜长 ÷10 800

式中，体重单位为 kg；胸围单位为 cm；体斜长单位为 cm。

马体重 = 胸围²× 体斜长 ÷10 800

式中，体重单位为 kg；胸围单位为 cm；体斜长单位为 cm。

猪体重 = 胸围²× 体斜长 ÷15 200

式中，体重单位为 kg；胸围单位为 cm；体斜长单位为 cm。

六、屠宰测定

应选择正常饲养条件下性成熟时的畜禽及出栏时的畜禽。

就不同品种而言，屠宰（或上市）年龄差异很大，提出如下意见供参考：大家畜（牛）18 ～ 24 个月龄，数量 5 头；羊 12 个月龄，公母各 15 只；猪 160 ～ 180 天，数量 20 头；家禽要求（鸡：公 8 ～ 10 月龄、母 5 ～ 6 月龄，鸭：公 8 ～ 10 月龄、母 5 ～ 6 月龄，鹅：公 8 ～ 10 月龄、母 5 ～ 6 月龄）成年家禽，数量各 30 只。

七、寄生虫病调查

体内寄生虫病结合屠宰进行调查。

八、调查登记

为了方便起见，每个品种现场调查时，按畜种设计了现场个体调查登记表，调查时逐项填入表内。具体见各品种的附表。

第二节 家禽遗传资源调查方法

一、一般情况

（一）品种名称

畜牧学名称、原名、俗名等。

（二）分 类

鸡、鸭分肉用型、蛋用型、兼用型、药用型、观赏型；鹅有大、中、小型等。

（三）产　地

原产地、中心产区及分布。

（四）原产区自然生态条件

①产区经纬度、地势、海拔。

②气温（年最高气温、年最低气温、年平均气温），湿度，无霜期（起止日期），日照，降水量，雨季，风力等气候条件。

③水源及土质。

④农作物、饲料作物种类及生产情况。

⑤土地利用情况、耕地及草场面积。

⑥适应性。

二、品种来源及发展

（一）品种来源

品种形成历史，主要说明利用及加工方式（民俗和消费习惯）情况对品种发展的影响。

（二）群体数量

应分别说明保种群（分公、母）和生产利用数量；要重点说明保种方法和保种场（区）的规模等相关信息；以调查年度上一年年底数据为准。

（三）选育情况

品系数、特点及选育进展。

（四）种场信息

保种场（保种区）名称、地址、联系方式及保种基本情况。

（五）品种标准等信息

整理现有品种标准（注明标准号）及产品商标或地理标志情况。

（六）近 15～20 年消长形势

①数量规模变化。

②品质变化大观。

③濒危程度（附录Ⅺ）。

三、体形外貌描述

按公、母分别描述，包括成年禽（300 日龄前后）和雏禽（1 日龄：有不同类型请注明各类型所占比例）。

（一）羽毛特征

雏禽、成年禽羽色（白、黄、灰、红、褐、黑、芦花、浅麻、深麻等），需要分述颈羽、尾羽、主翼羽、背羽、腹羽和鞍羽等羽色；鸭要注明性羽和镜羽等羽色。记述羽毛重要遗传特征，如快慢羽及其他遗传特征等。

（二）喙色、胫色、肤色及肉色

分为白、黄、灰、黑等；胫色、喙色与肤色是否相同；重点说明能稳定遗传的性状，有不同表型要说明各种类型所占的比例。

（三）外貌描述

1. 体型特征

描述家禽的体型形状，如长方形、椭圆形、柚子形等。

2. 头部特征

鸡：冠型、冠色、冠齿数，髯、耳叶颜色；虹彩颜色；喙色及形状（平或带钩）等。

鸭：喙及喙豆颜色，虹彩颜色，肉瘤及颜色等。

鹅：肉瘤形状、颜色及大小；喙颜色；虹彩颜色，眼睑形状及颜色；颌下有无咽袋；是否有顶星毛等。

3. 其他特征

包括本品种特有的性状，如凤头、胡须、丝羽、五爪、腹褶、颈羽等。

四、体尺和体重

必须在正确的姿势下进行测量，采样公、母各30只以上。成年母禽体尺及体重同公禽。其他药用性能、产绒、肥肝性能等。成年公母禽体尺及体重（300日龄左右）测量方法如下。

（一）鸡

①体斜长：用皮尺沿体表测量肩关节至髋骨结节间的距离（cm）。

鸡的体斜长测量

②胸宽：用卡尺测量两肩关节之间的体表距离（cm）。

鸡的胸宽测量

③胸深：用卡尺在体表测量第一胸椎到龙骨前缘的距离（cm）。

鸡的胸深测量

④胸角：用胸角器在龙骨前缘测量两侧胸部角度。

鸡的胸角测量

⑤龙骨长：用皮尺测量体表龙骨突前端到龙骨末端的距离（cm）。

鸡的龙骨长测量

⑥骨盆宽：用卡尺测量两髋骨结节间的距离（cm）。

⑦胫长：用卡尺测量从胫部上关节到第三、第四趾间的直线距离（cm）。

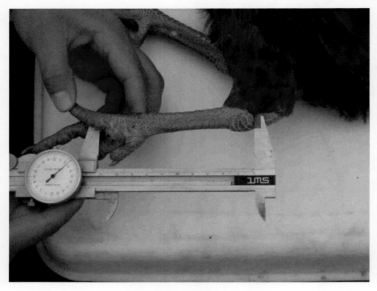

鸡的胫长测量

⑧胫围：胫骨中部的周长（cm）。

鸡的胫围测量

⑨体重：公、母（g）。

（二）鸭

①体斜长：用皮尺沿体表测量肩关节至髋骨结节间距离（cm）。

鸭的体斜长测量

②胸宽：用卡尺测量两肩关节之间的体表距离（cm）。

鸭的胸宽测量

③胸深：用卡尺在体表测量第一胸椎到龙骨前缘的距离（cm）。

鸭的胸深测量

④龙骨长：用皮尺测量体表龙骨突前端到龙骨末端的距离（cm）。

鸭的龙骨长测量

⑤骨盆宽：用卡尺测量两髋骨结节间的距离（cm）。

⑥胫长：用卡尺测量从胫部上关节到第三、第四趾间的直线距离（cm）。

鸭的胫长测量

⑦胫围：胫骨中部的周长（cm）。

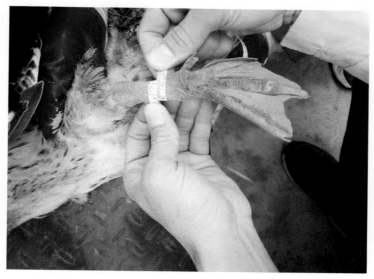

鸭的胫围胫骨中部的周长

⑧半潜水长：用皮尺测量从嘴尖到髋骨连线中点的距离（cm）。

半潜水长测量

⑨颈长：第一颈椎到颈根部的距离（cm）。

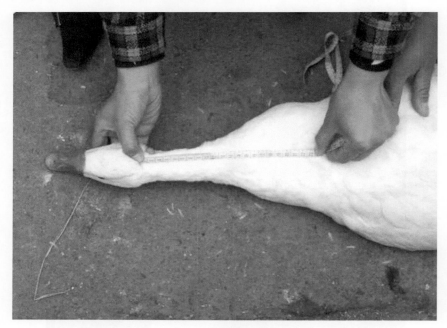

颈长测量

⑩体重：公、母（g）。

（三）鹅

①体斜长：用皮尺沿体表测量肩关节至髋骨结节间距离（cm）。

鹅的体斜长测量

②胸宽：用卡尺测量两肩关节之间的体表距离（cm）。

鹅的胸宽测量

③胸深：用卡尺在体表测量第一胸椎到龙骨前缘的距离（cm）。

鹅的胸深测量

④龙骨长：用皮尺测量体表龙骨突前端到龙骨末端的距离（cm）。

鹅的龙骨长测量

⑤骨盆宽：用卡尺测量两髋骨结节间的距离（cm）。

⑥胫长：用卡尺测量从胫部上关节到第三、第四趾间的直线距离（cm）。

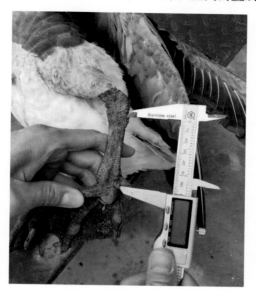

鹅径长测量

⑦胫围：胫骨中部的周长（cm）。

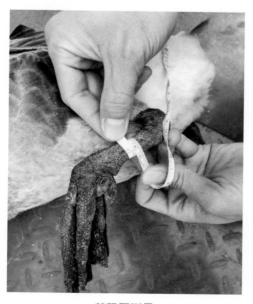

鹅胫围测量

⑧半潜水长：用皮尺测量从嘴尖到髋骨连线中点的距离（cm）。

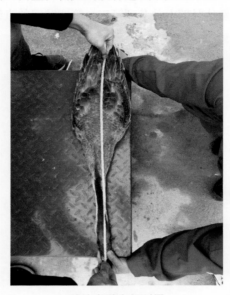

鹅的半潜水长测量

⑨颈长：第一颈椎到颈根部的距离（cm）。

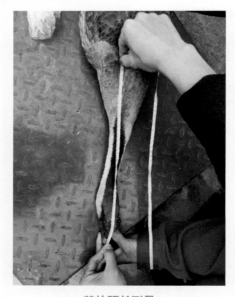

鹅的颈长测量

⑩体重：公、母（g）。

五、生产性能

（一）产肉性能

随机采取公、母各 30 只以上，可按照当地上市日龄进行屠宰测定，并注明。

1. 初生到 13 周龄各周体重

初生雏不能鉴别公、母分饲的，从 8 周龄开始公、母分别测定。

2. 8 周龄、13 周龄和 300 日龄公、母禽屠体重

活禽放血，去羽毛、脚角质层、趾壳和喙壳后的重量为屠体重。

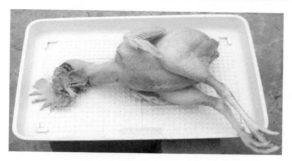

屠体重

3. 屠宰率计算公式如下

屠宰率（%）＝屠体重 / 宰前体重 ×100

4. 半净膛重

屠体去重除气管、食道、嗉囊、肠、脾、胰、胆和生殖器官、肌胃内容物以及角质膜之后的重量。

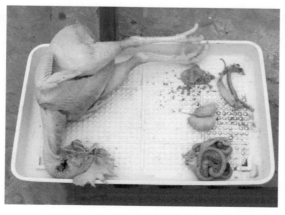

半净膛

5. 全净膛重

半净膛重减去心、肝、腺胃、肌胃、肺、腹脂和头脚（鸭、鹅、鸽、鹌鹑保留头脚）的重量。

全净膛

6. 腿肌重

去腿骨、皮肤、皮下脂肪后的全部腿肌的重量。

腿肌

7. 胸肌重

沿着胸骨脊切开皮肤并向背部剥离，用刀切离附着于胸骨脊侧面的肌肉和肩胛部肌腱，即可将整块去皮的胸肌剥离，然后称重，即为胸肌重。

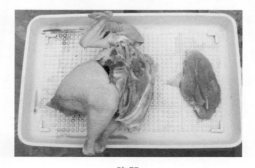

胸肌

8. 腹脂重

腹部脂肪和肌胃周围脂肪的重量。

9. 瘦肉重（肉鸭）

两侧胸肌加上两侧腿肌的重量。

10. 皮脂重（肉鸭）

皮、皮下脂肪和腹脂的重量。

11. 饲料转化比

全程消耗饲料总量 / 总增重（初生至 8 ～ 13 周龄）。

12. 存活率

①育雏期存活率育雏期末合格雏禽数占入舍雏禽数的百分比。

育雏率（%）= 育雏期末合格雏禽数 / 入舍雏禽数 ×100

②育成期存活率育成期末合格育成禽数占育雏期末入舍雏禽数的百分比。

育成期成活率（%）= 育成期末合格育成禽数 / 育雏期末入舍雏禽数 ×100

13. 其他如肉质性状等

（二）蛋品质量

1. 蛋形指数

用游标卡尺测量蛋的纵径和横径。以毫米为单位，精确度为 0.1mm。

蛋形指数 = 纵径 / 横径

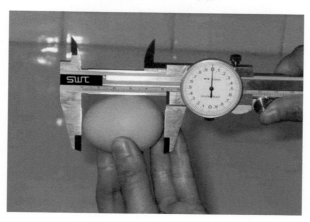

蛋纵径

2. 蛋壳强度（选择测定）

将蛋垂直放在蛋壳强度测定仪上，钝端向上，测定蛋壳表面单位面积上承受的压力，单位为千克 / 平方厘米。

蛋壳强度

3. 蛋壳厚度

用蛋壳厚度测定仪或游标卡尺测定，分别取钝端、中部、锐端的蛋壳，剔除内壳膜后，分别测量其厚度，求平均值。以毫米为单位，精确到 0.01mm。

蛋壳厚度

4. 蛋的比重

用盐水漂浮法测定。测定蛋比重溶液的配制与分级：在 1 000mL 水中加 NaCl 68g，定为 0 级，以后每增加一级，累加 NaCl 4g，然后用比重计对所配溶液进行校正。蛋的级别比重见表 3-1。

表 3-1　蛋比重分级

级别	0	1	2	3	4	5	6	7	8
比重	1.068	1.072	1.076	1.080	1.084	1.088	1.092	1.096	1.100

从 0 级开始，将蛋逐级放入配制好的盐水中，漂上来的最小盐水比重级，即为该蛋的级别。

蛋的比重

5. 蛋黄色泽

按罗氏（Roche）蛋黄比色扇的 30 个蛋黄色泽等级对比分级，统计各级的数量与百分比，求平均值。

蛋黄色泽

6. 蛋壳色泽

以白色、浅褐色（粉色）、褐色、深褐色、青色（绿色）等表示。

7. 哈氏单位

取产出 24 小时内的蛋，称蛋重。测量破壳后蛋黄边缘与浓蛋白边缘的中点的浓蛋白高度（避开系带），测量成正三角形的 3 个点，取平均值。

$$哈氏单位 = 100 \cdot \lg^{(H-1.7W^{0.37}+7.57)}$$

H——以毫米为单位测量的浓蛋白高度值；W——以克为单位测量的蛋重值。

8. 血斑和肉斑率

统计含有血斑和肉斑蛋的百分比，测定数不少于 100 个。

$$血斑和肉斑率（\%） = 带血斑和肉斑蛋数 / 测定总蛋数 \times 100$$

9. 蛋黄比率

$$蛋黄比率（\%） = 蛋黄重 / 蛋重 \times 100$$

六、繁殖性能

（一）开产日龄

①个体记录群以产第一个蛋的平均日龄计算。

②群体记录时，蛋鸡、蛋鸭按日产蛋率达 50% 时的日龄计算，肉用鸡、肉用鸭、鹅按日产蛋率达 5% 时的日龄计算。

（二）种蛋受精率

受精蛋占入孵蛋的百分比。血圈、血线蛋按受精蛋计数；散黄蛋按未受精蛋计数。

$$受精率（\%） = 受精蛋数 / 入孵蛋数 \times 100$$

（三）受精蛋孵化率出雏数占受精蛋数的百分比

$$受精蛋孵化率（\%） = 出雏数 / 受精蛋数 \times 100$$

（四）产蛋数（要注明统计禽数）

1. 入舍母禽产蛋数

$$入舍母禽产蛋数（个） = 统计期内的总产蛋个数 / 入舍母禽数$$

2. 母禽饲养日产蛋数

$$母禽饲养日产蛋数（个） = 统计期内的总产蛋个数 / 平均日饲养母禽只数$$

（五）蛋　重

包括开产蛋重及平均蛋重（300 日龄左右）。

（六）就巢性

有无就巢性及其所占的比例。

（七）饲养管理的特殊要求

描述该品种饲养的一些特殊要求。

（八）品种的附加信息

①生化或分子遗传测定（何单位何年度测定的）。

②是否建有保种场？如有，保种场的保种方案和利用计划。

③是否建立了品种登记制度（何年开始，何单位负责）等。

（九）对品种的评估

该品种主要遗传特点和优缺点，可供研究、开发和利用的主要方向。

（十）拍　照

拍摄能反应品种特征的公、母个体照片，能反映所处生态环境的群体照片。具体要求见附件。

（十一）附　录

附录有关本品种历年来的实验和测定报告。如材料较多，列出正式发表的文章名录及摘要。

七、家禽名词术语和度量统计方法

（一）生产阶段的划分

1. 肉用禽生产

（1）速生型肉禽。以生长速度快、体型大为特征。

育雏期：鸡 0～4 周龄、鸭 0～3 周龄、鹅 0～3 周龄。

育肥期：鸡 5 周龄至上市、鸭 4 周龄至上市、鹅 4 周龄至上市。

（2）优质型肉禽。体形、毛色、肤色等符合市场要求；肉质佳或具有特殊保健功能等特征。

育雏期：0～5 周龄。

育成期：6 周龄至上市。

2. 蛋用禽及种禽生产

（1）育雏期。

鸡 0～6 周龄。

鸭、鹅 0～4 周龄。

（2）育成期。

蛋鸡：7～18 周龄。

肉种鸡：7～24 周龄。

蛋鸭：5～16 周龄。

肉种鸭：5～24 周龄。

中、小型鹅：5 ～ 28 周龄。

大型鹅：5 ～ 30 周龄。

（3）产蛋期。

蛋鸡：19 ～ 72 周龄。

肉种鸡：25 ～ 66 周龄。

蛋鸭：17 ～ 72 周龄。

肉种鸭：25 ～ 64 周龄。

中、小型鹅：29 ～ 66 周龄。

大型鹅：31 ～ 64 周龄。

（二）孵化性能

1. 种蛋合格率

指种禽所产符合本品种、品系要求的种蛋数占产蛋总数的百分比；计算公式如下。

种蛋合格率（%）= 合格种蛋数 / 产蛋总数 ×100

2. 受精率

指受精蛋占入孵蛋的百分比；计算公式如下。血圈、血线蛋按受精蛋计数，散黄蛋按未受精蛋计数。

受精率（%）= 受精蛋数 / 入孵蛋数 ×100

3. 孵化率（出雏率）

（1）受精蛋孵化率。

指出雏数占受精蛋数的百分比；计算公式如下。

受精蛋孵化率（%）= 出雏数 / 受精蛋数 ×100

（2）入孵蛋孵化率。

指出雏数占入孵蛋数的百分比；计算公式如下。

入孵蛋孵化率（%）= 出雏数 / 入孵蛋数 ×100

4. 健雏率

指健康雏禽数占出雏数的百分比；计算公式如下。健雏指适时出雏，绒毛正常，脐部愈合良好，精神活泼，无畸形者。

健雏率（%）= 健雏数 / 出雏数 ×100

5. 种母禽产种蛋数

指每只种母禽在规定的生产周期内所产符合本品种、品系要求的种蛋数。

6. 种母禽提供健雏数

指每只入舍种母禽在规定生产周期内提供的健雏数。

（三）生长发育性能

1. 体重

①初生重：雏禽出生后 24 小时内的重量，以克为单位；随机抽取 50 只以上，个体称重后计算平均值。

②活重：鸡禁食 12 小时后，鸭、鹅禁食 6 小时后的重量，以克为单位。

测定的次数和时间根据家禽品种、类型和其他要求而定。育雏和育成期至少称体重 2 次，即育雏期末和育成期末；成年体重按蛋鸡和蛋鸭、肉种鸡和肉种鸭 44 周龄、鹅 56 周龄测量。每次至少随机抽取公、母各 30 只进行称重。

2. 日绝对生长量和相对生长率按如下公式计算

$$日绝对生长量 = (W_1 - W_0)/t_1 - t_0$$
$$相对生长率（\%） = (W_1 - W_0)/W_0 \times 100$$

式中，W_0——前一次测定的重量或长度；W_1——后一次测定的重量或长度；t_0——前一次测定的日龄；t_1——后一次测定的日龄。

3. 体尺测量

除胸角用胸角器测量外，其余均用卡尺或皮尺测量；单位以厘米计，测量值取小数点后 1 位。

体斜长：体表测量肩关节至坐骨结节间距离。

龙骨长：体表龙骨突前端到龙骨末端的距离。

胸角：用胸角器在龙骨前缘测量两侧胸部角度。

胸深：用卡尺在体表测量第一胸椎到龙骨前缘的距离。

胸宽：用卡尺测量两肩关节之间的体表距离。

胫长：从胫部上关节到第三、第四趾间的直线距离。

胫围：胫部中部的周长。

半潜水长（水禽）：从嘴尖到髋骨连线中点的距离。

4. 存活率

①育雏期存活率指育雏期末合格雏禽数占入舍雏禽数的百分比；计算公式如下。

育雏率（%）= 育雏期末合格雏禽数 / 入舍雏禽数 ×100

②育成期存活率指育成期末合格育成禽数占育雏期末入舍雏禽数的百分比；计算公式如下。

育成期成活率（%）= 育成期末合格育成禽数 / 育雏期末入舍雏禽数 ×100

（四）产蛋性能

1. 开产日龄

个体记录群以产第一个蛋的平均日龄计算。

群体记录时，蛋鸡、蛋鸭按日产蛋率达 50% 的日龄计算，肉种鸡、肉种鸭、鹅按日产蛋率达 5% 时日龄计算。

2. 产蛋数

母禽在统计期内的产蛋个数。

①入舍母禽产蛋数计算公式如下。

入舍母禽产蛋数（个）= 统计期内的总产蛋数 / 入舍母禽数

②母禽饲养日产蛋数计算公式如下。

母禽饲养日产蛋数（个）= 统计期内的总产蛋数 / 平均日饲养母禽只数

= 统计期内的总产蛋数 / 统计期内累加日饲养只数 / 统计期日数

3. 产蛋率

母禽在统计期内的产蛋百分比。

①饲养日产蛋率计算公式如下。

饲养日产蛋率（%）= 统计期内的总产蛋数 / 实际饲养日母禽只数的累加数 ×100

②入舍母禽产蛋率计算公式如下。

入舍母禽产蛋率（%）= 统计期内的总产蛋数 / 入舍母禽数 × 统计日数 ×100

③高峰产蛋率指产蛋期内最高周平均产蛋率。

4. 蛋重

①平均蛋重：个体记录群每只母禽连续称 3 个以上的蛋重，求平均值；群体记录连续称 3 天产蛋总重，求平均值；大型禽场按日产蛋量的 2% 以上称蛋重，求平均值，以克为单位。

②总产蛋重量计算公式如下。

总蛋重（kg）= 平均蛋重（g）× 平均产蛋量 /1 000

5. 母禽存活率

入舍母禽数（只）减去死亡数和淘汰数后的存活数占入舍母禽数的百分比，计算公式如下。

母禽存活率（%）=［入舍母禽数 -（死亡数＋淘汰数）］/ 入舍母禽数 ×100

6. 蛋品质

在 44 周龄测定蛋重的同时，进行蛋品质指标测定。测定应在产出后 24 小时内进行，每项指标测定蛋数不少于 30 个。

①蛋形指数：用游标卡尺测量蛋的纵径和横径。以 mm 为单位，精确度为 0.1mm。计算公式如下。

$$蛋形指数 = 纵径 / 横径$$

②蛋壳强度：将蛋垂直放在蛋壳强度测定仪上，钝端向上，测定蛋壳表面单位面积上承受的压力，单位为千克 / 平方厘米。

③蛋壳厚度：用蛋壳厚度测定仪测定，分别取钝端、中部、锐端的蛋壳剔除内壳膜后，分别测量其厚度，求平均值。以毫米为单位，精确到 0.01mm。

④蛋的比重：用盐水漂浮法测定。测定蛋比重溶液的配制与分级：在 1 000mL 水中加 NaCl 68g，定为 0 级，以后每增加一级，累加 NaCl 4g，然后用比重法对所配溶液进行校正。

（五）肉用性能

1. 宰前体重：鸡宰前禁食 12 小时，鸭、鹅宰前禁食 6 小时后称活重，以克为单位。

2. 屠宰率：放血，去除羽毛、脚角质层、趾壳和喙壳后的重量为屠体重。屠宰率计算公式如下。

$$屠宰率（\%）= 屠体重 / 宰前体重 \times 100$$

3. 半净膛重：屠体去除气管、食道、嗉囊、肠、脾、胰、胆和生殖器官、肌胃内容物以及角质膜后的重量。

4. 半净膛率：计算公式如下。

$$半净膛率（\%）= 半净膛重 / 宰前体重 \times 100$$

5. 全净膛重：指半净膛重减去心、肝、腺胃、肌胃、肺、腹脂和头脚（鸭、鹅、鸽、鹌鹑保留头脚）的重量。

去头时在第一颈椎骨与头部交界处连皮切开；去脚时沿跗关节处切开。

6. 全净膛率：计算公式如下。

$$全净膛率（\%）= 全净膛重 / 宰前体重 \times 100$$

7. 分割

①翅膀率：将翅膀向外侧拉开，在肩关节处切下；称重，得到两侧翅膀重。计算公式如下。

$$翅膀率（\%）= 两侧翅膀重 / 全净膛重 \times 100$$

②腿比率：指将腿向外侧拉开使之与体躯垂直，用刀沿着腿内侧与体躯连接处中线向后，绕过坐骨端避开尾脂腺部，沿腰荐中线向前直至最后胸椎处，将皮肤切开，用力把腿部向外掰开，切离髋关节和部分肌腱，即可连皮撕下整个腿部；称重，

得到两侧腿重。计算公式如下。

$$腿比率（\%）= 两侧腿重 / 全净膛重 \times 100$$

③腿肌率：腿肌指去腿骨、皮肤、皮下脂肪后的全部腿肌。计算公式如下。

$$腿肌率（\%）= 两侧腿净肌肉重 / 全净膛重 \times 100$$

④胸肌率：沿着胸骨脊切开皮肤并向背部剥离，用刀切离附着于胸骨脊侧面的肌肉和肩胛部肌腱，即可将整块去皮的胸肌剥离；称重，得到两侧胸肌重。计算公式如下。

$$胸肌率（\%）= 两侧胸肌重 / 全净膛重 \times 100$$

⑤腹脂率：腹脂指腹部脂肪和肌胃周围的脂肪。计算公式如下。

$$腹脂率（\%）= 腹脂重 / 全净膛重 + 腹脂重 \times 100$$

⑥瘦肉率（肉鸭）：指瘦肉重指两侧胸肌和两侧腿肌重量。计算公式如下。

$$瘦肉率（\%）= 两侧胸肌和腿肌重 / 全净膛重 \times 100$$

⑦皮脂率（肉鸭）：指皮脂重指皮、皮下脂肪和腹脂重量。计算公式如下。

$$皮脂率（\%）=（皮重 + 皮下脂肪重 + 腹脂重）/ 全净膛重 \times 100$$

⑧骨肉比：将全净膛禽煮熟后去肉、皮、肌腱等，称骨骼重量。计算公式如下。

$$骨肉比 = 骨骼重 /（全净膛重 - 骨骼重）$$

（六）饲料利用性能

1. 平均日耗料量

按育雏期、育成（育肥）期、产蛋期分别统计；计算公式如下。

$$平均日耗料（g）= 全期耗料 / 饲养只日数$$

2. 饲料转化比

指生产每一单位产品实际消耗的饲料量。

①蛋禽，按产蛋期和全程两种方法统计，计算公式如下。

$$产蛋期饲料转化比 = 产蛋期消耗饲料总量 / 总产蛋重量$$

$$全程饲料转化比 = 初生到产蛋末期消耗饲料总量 /（总产蛋重量 + 产蛋期末母禽总重量）$$

②肉禽，计算公式如下。

$$肉禽饲料转化比 = 全程消耗饲料总量 / 总增重$$

③种禽，计算公式如下。

$$生产每个种蛋耗料量（g）= 初生到产蛋末期总耗料（包括种公禽）/ 总合格种蛋数$$

第三节 猪品种资源调查方法

一、一般情况

（一）品种名称

包括畜牧学名称、原名、俗名等。

（二）产 地

中心产区及分布、保种场基本情况。

（三）产区自然生态条件

①产区经纬度、地势、海拔。

②气温（年最高气温、最低气温、平均气温）、湿度、无霜期（起止日期）、日照、降水量、雨季、风力等气候条件。

③水源及土质。

④农作物、饲料作物种类及生产情况。

⑤土地利用情况、耕地及草场面积。

⑥品种的适应性、传染病易感程度。

⑦产品（苗猪，腌、腊制品）加工、销售情况。

二、品种来源及发展

（一）品种来源

包括形成历史、流动情况。

（二）群体规模

以调查年度上一年年底数为准。

①分别统计公、母猪数量，利用年限。

②历史上数量增减变化情况。

③外来品种公猪与本地母猪的杂交情况，占母猪总数的比例。

④说明保种区和保种场数量。

三、猪品种体形外貌描述

（一）体形特征

体形大小、体质、结构等。

（二）毛色特征

有黑、白、黑白花、棕色等，是否有多种毛色，如有，说明比例。

（三）头部特征

头大小及形状，额部皱纹特征，嘴筒长短，耳型、大小、是否下垂。

（四）躯干特征

长短，背腰是否平直，腹部是否下垂（如腹大、背平，腹大、背凹拖地，腹大下坠不拖地）等，臀部是否丰满，乳头对数及特征。

（五）四肢特征

粗细及其他特征。

（六）尾长及描述

略。

（七）肋骨对数

略。

（八）其他特殊性状

如獠牙等。

四、体尺、体重

（一）体　高

鬐甲最高点到地平面的垂直距离，单位为厘米。

（二）体　长

两耳根连线中点沿背线至尾根处的长度，单位为厘米。

（三）胸　围

在肩胛骨后缘作垂直线绕体躯一周所量的胸部围长度，单位为厘米。

（四）体　重

公、母（千克）。

五、生产性能

（一）育肥猪宰前体重

单位为千克，屠宰日龄按当地习惯并注明。

（二）胴体重

胴体重是指育肥猪屠宰放血后，去掉头、蹄、尾和内脏（除板油、肾脏外）后的两片胴体合重。

单位为千克，屠宰日龄按当地习惯并注明。

（三）屠宰率

屠宰率（%）＝胴体重 / 宰前体重 ×100

（四）瘦肉率

用手工剥离半胴体，分成瘦肉、脂肪、皮和骨 4 个部分，分别称重，再相加，作为 100%；分别计算瘦肉、脂肪、皮和骨所占比例。（不考虑分割过程中的损耗）。

（五）背膘厚度

1. 背膘厚度

第 6 至第 7 胸椎间厚，单位为厘米。

2. 平均背膘厚度

（肩部最厚处 + 最后肋骨处 + 腰间结合处）/3。

（六）眼肌面积

最后肋骨处背最长肌横断面面积，用硫酸纸描绘眼肌面积（两次），用求积仪或方格计算纸求出眼肌面积单位为厘米，或用下列公式计算。

$$眼肌面积 = 眼肌高度 \times 眼肌宽度 \times 0.7$$

（七）肉质性能

如水分、蛋白质、肌内脂肪、大理石纹及其他指标。

（八）饲料转化比

以育肥期料肉比为指标。

（九）皮　厚

第 6 至第 7 肋骨处游标卡尺测定皮肤厚度，单位为毫米。

六、繁殖性能与育肥性能

记录繁殖性能与育肥性能指标。具体包括：

公母猪性成熟年龄（日龄）、公母猪配种年龄（日龄）、发情周期（日）、妊娠期（日）、窝产仔数、窝产活仔数、一般断奶日龄、初生窝重（千克）、母猪的泌乳力（以仔猪出生后 21 天时的窝重为代表（克）、仔猪平均出生重（克）、仔猪断奶重（千克）断奶日龄（天）、肥育期日增重：公、母（克）（注明起止日龄与体重）、断奶仔猪成活数、仔猪成活率［成活率（%）＝（断奶时成活仔猪数 / 窝产活仔猪数）×100］。

七、饲养情况

说明本品种是否有特殊的饲养、繁殖方式，介绍传统的饲养方式和目前的饲养方式。

八、有关品种的附加信息

①是否进行过生化或分子遗传测定（何单位何年度测定的）。

②是否建有保种场，是否提出过保种和利用计划。

③是否建立了品种登记制度（何年开始，何单位负责）。

九、对品种的评估

该品种主要遗传特点和优缺点，可供研究、开发和利用的主要方向。

十、拍　照

拍摄能反映品种特征的公、母个体照片，能反映所处生态环境的群体照片。具体要求见附件。

十一、附　录

附录有关本品种历年来的实验和测定报告。如材料较多，列出正式发表的文章名录及摘要。

第四节　牛品种资源调查方法

一、一般情况

包括品种名称、中心产区和分布、产区自然生态条件。产区自然生态条件具体如下。

一是地貌与海拔。

二是气温条件，包括气温（年最高气温、最低气温与平均气温）、无霜期（起讫日期）、降水量（雨、雪及分布）、全年干燥指数、夏季干燥指数 ①、风力、沙尘暴和气候类型 ②。

三是水源和土质。

四是土地利用情况（耕地、草场和森林面积）。

五是耕作制度和作物种类。

六是品种对当地自然生态条件的适应性和疾病情况。

七是产品（肉、皮、毛、绒、乳等）和役力的利用与销售情况。

二、品种来源、消长形势与现状

（一）来　源

包括固有、引进驯化及近代育成品种的形成历史。

（二）品种数量规模和基本结构

以调查年度的上一年年底数为准。

①总头数。

②成年种公牛和繁殖母牛在全群中占的比例。

---

① 干燥指数＝一定期间总降水量／同期间平均气温＋10 全年干燥指数；20 以上为湿润地区；10 以上，20 以下为干燥、干旱地区；10 以下为沙漠化地区。

② 气候类型：区域气候因子的综合特征，如：广西柳江－东兰一线南北分属南亚热带湿润季风区、北亚热带湿润季风区。辽宁省南部属暖温带湿润半湿润季风气候区。

③种用公母比例：本交、人工授精、冻精授精占全品种的比例；各种方式的公母比例；全品种公母比例概估。

④用于纯种（本品种）繁殖的母牛的比例。

（三）近 15～20 年消长形势

①数量规模变化。

②品质变化大观。

三、体型外貌描述

1. 毛色、肤色、蹄角色与分布

①基础毛色：黑、灰、深红、紫、深黄、浅黄褐、草白、白、金，等等。

②白斑图案类别：白带、白头、白背、全色、白花，等等。

③是否鳖毛。

④有无晕毛。

⑤有无季节性黑斑点。

⑥有无局部（胁部、大腿内侧、腹下、口围等处）淡化。

⑦是否沙毛。

⑧有无"白胸月"（"冲浪带"）。

⑨有无"白袜子"。

⑩鼻镜、眼睑、乳房颜色：粉、褐、黑。

⑪蹄角色：蜡色、黑褐色、黑褐条斑。

2. 被毛形态及分布

①长短：贴身短毛、长毛、长覆毛有底绒。

②有无额部长毛。

③有无局部（多在前额颈侧、胸侧）卷毛。

3. 整体结构与分布

宽长矮（"抓地虎"）、高短窄（"高脚黄"）、中度。

4. 头部特征与类型分布

①头型：短宽（额广、鼻梁短）、长窄（额窄、两眼内角连线以下的鼻梁部长）。

②耳型：平伸或半下垂，耳壳厚簿，耳端尖钝。

③角的有无及形状：无角、铃铃角、"龙门角""大圆环""小圆环"等。

5. 前躯特征与分布

①肩峰：大、小、无。

②颈垂、胸垂：大、小、无。

6. 中后躯特征及分布

①脐垂有无及大小。

②尻形：短斜、长圆。

③尾形：长短及尾帚大小。

四、体尺和体重

（一）成年公牛、母牛体尺及体重

①体高：鬐甲最高点到地平面的垂直距离。

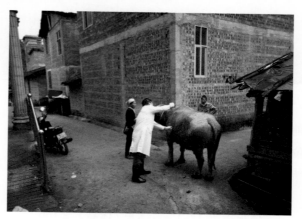

体高测量

②体斜长：肩端到臀端的直线距离。

体斜长测量

③胸围：肩胛后缘躯干的垂直周径。

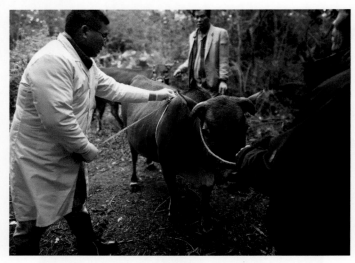

胸围测量

④管围：左前管（腕前骨）上 1/3 下端（最细处）周长。

⑤体重：单位为千克。

（二）体态结构

体长指数：

$$体长指数（\%）=（体长 / 体高）\times 100$$

胸围指数：

$$胸围指数（\%）=（胸围 / 体高）\times 100$$

管围指数：

$$管围指数（\%）=（管围 / 体高）\times 100$$

五、生产性能

（一）产肉性能

1. 屠宰重

成年或 18 月龄公、母、阉牛宰前活重。

2. 胴体重

屠宰、放血、剥皮以后截去膝关节以下的前肢、飞节以下的后肢、头、毛、内脏（不包括板油和肾脏），所余部分（胴体）的重量。该指标有如下两种度量方法。

①温胴体重。

②冷冻胴体重：冷冻 24 小时后的重量。

3. 屠宰率

胴体重占屠宰重的百分率，也有对应于胴体重的两种度量标准。

4. 净肉重和净肉率

胴体沿脊柱中央、通过胸骨、耻骨缝纵剖为左右两扇。从肉扇中剔掉骨骼、内面的块状脂肪、韧带和乳房后，两片肉扇的重量即净肉重。

净肉率有两种度量标准：即净肉重 / 屠宰重或净肉重 / 胴体重。

5. 皮厚

以卡尺在右背侧量两层皮的总厚度再除以 2。

6. 肌肉厚

分别在第 3 ～第 4 腰椎上方与"后臀"与小腿截断面最厚处量取（分别为"腰部肌肉厚"和"大腿肌肉厚"）。

7. 脂肪厚度

背部脂肪厚度：第 5 至第 6 胸椎间距离中线 3 厘米的脂肪厚度。

腰部脂肪厚度：十字部中线两侧肠骨角外侧的脂肪厚度。

8. 骨肉比

$$骨肉比 = 净肉重 / 全部骨骼重$$

9. 眼肌面积

第 12 根肋骨后缘用硫酸纸描绘眼肌面积（两次）用求积仪或方格计算纸求出眼肌面积（cm²）或用下列公式计算。

$$眼肌面积（cm^2）= 眼肌高度 \times 眼肌宽度 \times 0.70$$

10. 肌肉主要化学成分

水分、干物质、蛋白质、脂肪、灰分及发热量。

（二）乳用性能

①泌乳期天数。

②产乳量：305 天产乳量或泌乳期产乳量（注明天数）。

③乳脂率或酥油率。

④乳的成分（水分、干物质、蛋白质、乳糖、灰分比例）。

（三）毛绒产量和品质

①年抓绒毛量。

②绒毛比。

③毛纤维伸直长度与强伸度。

④绒纤维伸直长度与强伸度。

（四）役用性能

①特定土壤条件下日耕耙工作量。

②特定路况下挽曳工作量（载重、里程）。

③驮载、骑乘劳役一般速率。

（五）繁殖性能

①性成熟年龄，单位为月龄，公母分别记录。

②初配年龄，单位为月龄，公母分别记录。

③繁殖性季节。

④发情周期。

⑤妊娠期。

⑥犊牛出生重，单位为千克。

⑦犊牛断奶重，单位为千克，公母分别记录。

⑧哺乳期日增重，单位为千克，公母分别记录。

⑨犊牛成活数（断奶后）。

⑩犊牛成活率：

$$成活率（\%）=（断奶时成活犊牛数 / 出生犊牛数）\times 100$$

⑪犊牛死亡率：

$$死亡率（\%）=（断奶时死亡犊牛数 / 出生犊牛数）\times 100$$

六、饲养管理情况（成年与犊牛分别叙述）

（一）饲养方式

①圈养（一年之内在任何季节）。

②季节性放牧。

③全年放牧。

（二）舍饲与补饲情况

①精料。

②精料＋秸秆。

③精料＋秸秆＋青贮。

（三）禀性、管理难易

有无难产情况、原因。

七、有关品种的附加信息

①是否进行过生化或分子遗传测定（何单位何年度测定的）。

②是否提出过保种和利用计划（在何场保种）。

③是否建立了品种登记制度（何年开始、由何单位负责）。

八、对品种的评估

该品种主要遗传特点和优缺点，可供研究、开发和利用的主要方向。

九、拍　照

拍摄能反映品种特征的公、母个体照片，能反映所处生态环境的群体照片。具体要求见附件。

十、附　录

附录有关本品种历年来的实验和测定报告。如材料较多，列出正式发表的文章名录及摘要。

第五节　羊品种资源调查方法

一、一般情况

包括品种名称（包括原名、俗名）、中心产区及分布、产区自然生态条件。产区自然生态条件具体如下。

①地势、海拔（最高、最低、平均）。

②气候条件：气温（年最高气温、最低气温及平均气温）、湿度、无霜期（起止日期）、降水量（降水量和降雪量）、雨季、风力等。

③水源和土质。

④土地利用情况，粮食作物、饲料作物及草地面积。

⑤农作物、饲料作物种类及生产情况。

⑥适应性及抗病性。

⑦产品（肉、毛、绒、乳、皮等）销售情况。

二、品种来源及发展

（一）品种来源

形成历史、流向。

（二）群体数量与规模

填报调查年度上一年年底数。

①母羊数量：其中能繁母羊数，用于本交的母羊数。

②公羊数量：其中用于配种的成年公羊数。

③育成羊及哺乳羔羊公母数。

④基础公、母畜占全群比例。

三、绵羊、山羊体型外貌描述

（一）体型特征

体质，结构，体格。

（二）头部特征

头大小及形状，额是否宽平，角大小、形状、颜色，鼻梁是否隆起，耳形特征等。

（三）颈部特征

形状，粗细，长短，褶皱，有无肉垂。

（四）躯干特征

胸部是否宽深、肋是否开张、背腰是否平直、尻部形状等。

（五）四肢特征

四肢粗细、长短，蹄质类型。

（六）尾部特征

形状、大小、长短。

（七）骨骼及肌肉发育情况

骨骼是否粗壮结实，肌肉发育丰满、欠丰满还是适中。

（八）毛色等

被毛颜色、长短及肤色。

四、体尺和体重

成年羊体尺及体重指标如下。

体高：鬐甲最高点到地平面的距离（cm）。

体斜长：肩胛骨前缘到臀端的直线距离（cm）。

胸围：在肩胛骨后缘作垂直线绕一周所量的胸部围长度（cm）。

尾长：脂尾羊从第一尾椎前缘到尾端的距离（山羊除外）（cm）。

尾宽：尾幅最宽部位之直线距离（cm）。

体重：公、母（kg）。

五、生产性能

（一）产毛（绒）性能

①公、母羊产毛（绒）量（g）及被毛（绒）厚度（cm），纤维自然长度（cm）、细度（μm），纤维强度、伸度、伸直长度。

②公母羊净毛（绒）率。

（二）产肉性能

① 12 月龄公母羊宰前体重（kg）。

② 12 月龄公母羊胴体重（kg）。

③屠宰率

$$屠宰率（\%）=（胴体重＋内脏脂肪）/ 宰前体重 ×100$$

④净肉率

$$净肉率（\%）=（净肉重 / 宰前体重）×100$$

⑤肌肉厚度

大腿肌肉厚度为大腿体测至股骨体中点的垂直距离

腰部肌肉厚度为第三腰椎体表至横突的垂直距离

⑥肉骨比

$$肉骨比 = 净肉重 / 全部骨骼重$$

⑦眼肌面积：第 12 根肋骨后缘处将脊椎锯开，利刀切开 12 ～ 13 肋骨间，于 12 肋骨后缘用硫酸纸描绘眼肌面积（两次）用求积仪或方格计算纸求出眼肌面积（cm²），或用下列公式计算。

$$眼肌面积（cm^2）=眼肌高度 × 眼肌宽度 ×0.70$$

⑧肌肉主要化学成分：水分、干物质、蛋白质、脂肪、灰分及热量。

（三）产乳性能

①产乳量（240 天）。

②乳脂率。

③乳的成分（水分、干物质、蛋白质、乳糖）。

六、繁殖性能

繁殖性能指标包括性成熟年龄；公、母羊初配年龄，一般利用年限；配种方式，人工授精或本交，一个配种季节每只公羊配母羊数，发情季节；发情周期；怀孕期；产羔率；羔羊初生重；羔奶断奶体重；断奶日龄；哺乳期日增重；羔羊成活数（断奶后）；羔羊成活率［成活率（%）=（断奶时成活羔数/出生仔羔数）×100］；羔羊死亡率［死亡率（%）=（断奶时死亡羔羊数/出生羔羊数）×100］；公畜是否用于人工授精；公畜精液品质（排精量、密度、活力）；精液是否进行冷冻，受胎效果。

七、饲养管理

（一）方　式

成年与羔羊分别叙述。

①圈养（一年之内在任何季节）。

②季节性放牧。

③全年放牧。

（二）舍饲期补饲情况

①精料。

②精料＋秸秆。

③精料＋秸秆＋青贮。

此外还需记录是否温顺、是否易管理。

八、有关品种的附加信息

一是是否进行过生化或分子遗传测定（何单位何年度测定的）。

二是是否建有保种场，是否提出过保种和利用计划。

三是是否建立了品种登记制度（何年开始，何单位负责）。

九、对品种的评估

该品种主要遗传特点和优缺点，可供研究、开发和利用的主要方向。

十、拍　照

拍摄能反映品种特征的公、母个体照片，能反映所处生态环境的群体照片。具体要求见附件。

十一、附　录

附录有关本品种历年来的实验和测定报告。如材料较多，列出正式发表的文章名录及摘要。

第六节　马（驴）品种资源调查方法

一、一般情况

调查品种名称（包括畜牧学名称、原名、俗名）、中心产区及分布和产区自然生态条件。产区自然生长条件具体如下。

①地势、海拔、经纬度。

②气温（年最高气温、最低气温、平均气温）、湿度、无霜期（起讫日期）、降水量（降水量和降雪量）、雨季、风力等。

③水源及土质。

④土地利用情况，耕地及草地面积。

⑤农作物、饲料作物种类及生产情况。

⑥品种对当地条件的适应性及抗病能力。

⑦近10年来生态环境变化情况。

二、品种来源及发展

（一）品种来源

形成历史，流向。

（二）群体数量

调查年度上一年年底数。

①基础母畜数。

②配种公畜数。

③未成年及哺乳驹公母数。

三、体形外貌描述

（一）外型与体质

外型特点，体质特点，类型：轻型、重型、兼用型。

（二）头部特征

头形特点，额宽窄，眼大小，耳大小等。

（三）颈部特征

长短，形状，肌肉发育，头颈结合情况，颈肩背结合情况。

（四）鬐甲特征

鬐甲高低，宽窄，长短。

（五）胸部特征

宽窄、深度，形状。

（六）腹部特征

腹性特点。

（七）背腰特征

是否平直，结合情况。

（八）尻部特征

形状，方向等。

（九）四肢特征

肢势特点，关节是否结实，蹄及系部的特点。

（十）尾毛特征

尾毛长短、浓稀，尾础高低。

（十一）毛色和特征

栗、骝、黑、青及其比例。

四、体尺、体重

（一）成年马（驴）体尺及体重

体高：鬐甲最高点到地平面的垂直距离。

体长：肩端前缘至臀端直线距离。

胸围：在肩胛骨后缘处垂直绕一周的胸部围长度。

管围：左前管部上 1/3 的下端（最细处）的周长度。

体重：公、母马（驴），单位为千克。

（二）体态结构

体长指数：

$$体长指数（\%）=（体长/体高）\times100$$

胸围指数：

$$胸围指数（\%）=（胸围/体高）\times100$$

管围指数：

$$管围指数（\%）=（管围/体高）\times100$$

五、生产和繁殖性能

（一）挽力及速度和驮重

① 1 000m 速度。

② 3 000m 速度。

③长途骑乘（km/日）。

④最大挽力。

⑤驮重（kg）。

⑥其他：如好斗性等。

（二）繁殖性能

①性成熟年龄。

②初配年龄。

③一般利用年限。

④发情季节。

⑤发情周期。

⑥怀孕期。

⑦幼驹初生重：公、母（kg）。

⑧幼驹断奶重：公、母（kg）。

⑨年平均受胎率。

⑩年产驹率。

⑪采用人工授精时母马（驴）受胎率，每匹公马（驴）的配种数。

六、饲养管理

饲养方式（放牧，半舍饲，舍饲）；日饲喂量和抗病、耐粗情况。

七、有关品种的附加信息

一是是否进行过生化或分子遗传测定（何单位何年度测定的）。
二是是否建有保种场，是否提出过保种和利用计划。
三是是否建立了品种登记制度（何年开始，何单位负责）。

八、对品种的评估

该品种主要遗传特点和优缺点，可供研究、开发和利用的主要方向。

九、拍　照

拍摄能反映品种特征的公、母个体照片，能反映所处生态环境的群体照片。具体要求见附件。

十、附　录

附录有关本品种历年来的实验和测定报告。如材料多，列出正式发表的文章名录及摘要。

第四章 ···
畜禽遗传资源评估样品的采集与调查报告撰写

第一 畜禽遗传资源评估样品的采集与保存

一、采样畜禽个体的选择

采样畜禽个体的选择，直接关系到畜禽遗传资源评估的准确性和可靠性。所选择的畜禽个体必须符合以下几点。

一是前往不同畜禽品种的主产区，且不能局限在单一区域。

二是所选择个体必须完全符合品种的外部特征，有系谱记录的可以按照系谱随机抽取。

三是保证合理的性别比例和数量要求。

二、实验样品的采集

根据实际样品采集的便捷性，可选择采集畜禽个体的血样或组织样，现按照不同畜禽种类简单介绍采样方法。

（一）禽类样品的采集

禽类主要以采集血样为主，有禽翅内侧静脉采血、禽心脏采血和禽头部静脉窦采血三种方法。其中以翅内侧静脉采血最为常用，心脏采血易发生意外，引起禽只死亡，多用于淘汰鸡。头部静脉窦采血在生产中很少使用，也容易引起禽只死亡。不同采血方法的具体操作方法如下。

1. 翅内侧静脉采血操作

助手一手抓住两只鸡腿，另一手抓住禽一侧的翅根部，以拇指按压静脉管，使其充盈。操作者左手大拇指捏住鸡翅内侧，余四指捏住鸡翅外侧，展平鸡翅，右手持一次性注射器针（7 号），沿血管方向斜刺向血管，抽取血液 2 ～ 3mL，拔针后要用干棉球按压数分钟止血。

2. 禽心脏采血操作

禽仰卧保定，头部朝向操作者，拔去胸部少许羽毛，用手指在胸骨上方、嗉囊下方摸到一凹窝，右手持针（7 号），自胸骨上方凹窝斜向前下方心脏方向（禽的左侧、操作者的右侧）刺入，边刺边抽动活塞，若刺入心脏，便有血液涌入注射器，结束后局部消毒。

3. 禽头部静脉窦采血操作

助手一手抓两腿，另一手抓两翅，使其头部朝上，操作者左手食指和中指夹住鸡喙，大拇指压住颈上固定头部。拔去枕骨大孔部的少许毛，消毒，操作者右手持针，自枕骨大孔进针，针头对准喙尖，约与颈椎纵轴呈45°，刺入约0.5 ～ 0.8cm（视个体大小），刺入静脉窦后，针头感觉无阻力，抽取血液，结束后局部消毒。

（二）猪样品的采集方法

猪的样品可以采集耳组织样、尾组织样和血样。

1. 组织样的采集

助手用咬嘴棍保定好猪只，操作者现用酒精棉球擦拭猪耳朵边缘或者尾巴尖，随后用剪耳钳剪去黄豆大小的组织样，浸没于 75% 的酒精或者核酸保存液中，低温保存。

2. 猪耳静脉采血

助手咬嘴棍靠墙保定好猪只，操作者耳静脉局部常规消毒处理，左手的食指和中指在耳下托住，拇指在上部抚平皮肤，右手持注射器呈 30°～ 45°将针刺入血管，慢慢抽取血液 4 ～ 5mL，采血结束后迅速拔出针头，干棉球按压止血。该血量少，出血慢。

3. 猪前腔静脉采血

小猪仰卧保定，把前肢向后方拉直，以便露出采血部位；中猪和大猪可采用站立提鼻法进行保定，猪头向上、前拉举，呈仰头状，猪上身及前肢要伸直。选取胸骨端与耳基部的连线上胸骨段外开 2 cm 的凹陷处，消毒，一般选择右侧。操作者注射器刺入凹处，针刺方向与猪颈水平面呈 90°角，刺入 2 ～ 3 cm 后边进针边略微回抽针芯，回血后稳定不动，采集完毕用干棉球止血。该血量大小中量或大量，熟练者一般 6 ～ 10s 可采 5mL 血液。

（三）牛、羊、马等样品采集

牛、羊、马等的样品以血样为主，主要从其耳静脉、颈静脉、尾静脉等采集血样。

1. 耳静脉采血

操作方法类似于猪耳静脉采血，在此不再赘述。

2. 颈静脉采血

头部向前拉伸使畜只颈部肌肉紧绷，显露出静脉沟，局部剪毛，酒精棉球消毒，用拇指或中指与食指用力按压颈静脉沟的中下部，令其充盈、怒张，一般可见到凸起的带、索状颈静脉。右手持一次性注射器，与颈静脉呈 45°角迅速刺入皮肤及血管中，因牛皮较厚或有皱褶，指力有限，针头在皮肤内行进会有滞涩感，若刺入血管，会感到如刺破气球，手感轻快，针头与注射器结合处也可见回血，用此法常感困难时，可手持针头，依靠腕力把针头朝静脉方向快速地垂直刺入，当刺入静脉内，立见回血，若针头偏离静脉（未见回血），可将针头稍稍退出或拔至皮下，在认清静脉走向后重新刺入。一般来说，只要刺入静脉，针头内滴出之血液可有 5 ～ 10mL，若滴出之血液量较少或较慢，可用手指按压颈静脉中下端片刻即可。采血完毕，迅速拔出针头，用碘酊棉球按压针孔即可。

3. 尾静脉采血

牛只保定好后，操作者左手离尾根部约 30cm 握住尾巴抬起，与地面呈 70°～90°角，可看到离尾根 10 cm 左右，第 4 至第 5 尾椎骨交界中点有凹陷处。牛尾静脉与尾中动脉在此处并行，浅部位的为尾静脉，深部的为尾中动脉。右手对采血部位消毒后，持一次性注射器垂直刺入约 0.3 ～ 0.5 cm，回血后即可抽血，若进针太深，易刺破尾动脉或刺在尾骨上，对牛造成不必要的伤害。结束用棉球压迫止血。该方法主要用于牛。

三、样品的存放与保存

不同的样品保存方法不一致，组织样品一般浸没于 75% 的酒精或者是核酸保存液中，置于有冰袋的泡沫盒内；血样必须抗凝保存，可用的抗凝剂有 ACD（自配 ACD 抗凝剂：柠檬酸 0.48g，柠檬酸钠 1.32g，葡萄糖 1.47g，溶解于 100mL 双蒸水中，高压灭菌（120，20min，0.075 ～ 0.08MPa 备用。使用比例：血样：ACD=5：1）和 EDTA（商品化的 EDTA 抗凝管），其中 ACD 优于 EDTA，不能使用肝素抗凝，因肝素是聚合酶链式反应（PCR）的抑制剂，目前市场上有专门血样核酸保存管，可以室温保存样品 5 ～ 7 天不降解，并需要低温保存，但售价较高。样品运回实验室及时保存在 -20℃冰箱备用。

第二节　撰写调查研究报告

调查研究报告是反映调查研究成果的一种书面报告。它以文字、图表等形式将调查研究的过程、方法和结果表现出来。目的是说明如何研究、有何结果、结果的意义。分两种功能，但实际中一份报告往往同时具有两个功能。

描述性报告：着重于对所研究对象进行系统、全面的描述，这种描述既可以是定量的，也可以是定性的。主要目标是通过对研究资料和结果的详细描述，向读者展示某一现象的基本状况、发展过程和主要特点。

一、研究报告的撰写步骤

（一）确定主题即中心问题

主题是整个研究报告的灵魂，一般情况下研究报告的主题就是该研究的主题，但可能由于某种原因使得两个主题不能统一起来。如一个题目包含内容很多，涉及的范围和领域很广，一份报告中很难容纳全部内容，这样报告主题就小于研究主题。另外，研究所得的资料与研究最初的目标之间存在一定的差距，无法说明事先预定的研究主题，只好重新确定报告主题。

（二）拟定提纲

提纲是报告的骨架。通常报告中的导言和方法等部分比较固定，变化不大，因而，拟定提纲这一步骤主要是针对结果部分和讨论部分。方法就是对结果进行分解，并将分解后的每一部分进一步细化。

（三）选择材料

首先要以撰写提纲的范围和要求为依据，即应按照报告的"骨架"来选择填充的"血肉"，这样才能保证所选取的材料与报告的主题密切相关。其次还要坚持精练、典型、全面的原则，做到既不漏掉一些重要的材料，又使所用的材料具有最大的代表性和最强的说服力。材料通常有两种形式：数据、表格、事例；在这些客观材料基础上通过分析、综合、概括所形成的观点、认识、建议等主观材料。

（四）撰写报告

基本的撰写方法通常是从头到尾一气呵成。

二、研究报告的一般结构

（一）导　言

研究的问题及其背景：研究报告应以所提出的问题的描述开始。将这一问题放到一个较大的背景中，以便读者了解为什么这个问题十分重要，它为什么值得研究。从文献评论对这一领域已发表的研究结果和结论进行总结和评论。该部分应充满着恰当的、相关的并且是简明的和精确的材料。介绍自己的研究主要目的不是去讨论研究内容的细节，而是介绍研究的基本框架，比如你所研究问题或准备检验的假设是什么，主要的自变量和因变量是什么。在有些情况下可以描述你的研究模型，定义你的主要理论，等等。规则是尽可能用常用语言撰写，而少用专业术语；要用不同的时间和空间。一步一步将一般性的读者引入到对特定问题的正式的或理论化的陈述中来；用例子说明理论观点。

（二）主要内容

有关研究方式、研究设计的介绍；有关研究对象的介绍；有关资料收集方法的介绍；有关资料分析方法的介绍；对研究质量及局限性的说明。

有关研究方式、研究设计的介绍（四种研究方式有各自的研究设计内容）。有关研究对象的介绍：除了文献方式，都得与人打交道。说明总体、元素、抽样单位、抽样方法、样本规模、回收率等。有关资料收集方法的介绍：对研究的主要变量的说明（主要变量是什么，变量的操作定义是什么，这些变量是用哪些指标来进行测量的，量表是什么）；对资料收集过程进行说明（是否采用自填式问卷，如何回收，回收率多少，有效回收率多少，如何培训调查员）；对所用的工具进行说明（问卷的长度、形式、制作过程，是否进行过试调查，在何地，结果如何）。

（三）结　果

在较短小的论文中或较简单的研究报告中，结果和讨论两部分常常结合在一起。在结果的表达上，总的原则是先给出"森林"然后再是"树木"，即先给出总体的、一般性的陈述，然后才是个别的、具体细节的陈述。步骤：再次向读者提示你在报告的导言部分所提出的概念性问题，即对问题的概念性陈述；进而向读者提示你在研究中实际完成的操作或实际测量的行为，即对问题的操作性陈述；紧接着马上告诉读者你的答案；现在且仅仅是现在才用数字、表格、材料来向读者说话；在每一个分之结果的末尾部分，都应对该结果所处的位置做一简要的小结；用一种平滑的转折句把读者引向结果的下一部分。

（四）讨　论

与导言密切相关，由于结果部分已对各分支结果做了表达和讨论，因此，在讨论部分中仅从整体上陈述和讨论研究的结果。讨论一般从告诉读者你从研究中掌握了什么开始，明确说明假设是否得到验证，或明确回答导言部分所提出的问题，可以把自己的研究结果与文献评论中列举的结果做比较，看看是否又一次验证了它们的结果。讨论自己的研究可能存在缺陷，将自己的结论进行推广时必须具备的条件及所受到的限制。对于研究仍未能回答的那些问题的讨论，对于研究中新出现的问题的讨论。讨论部分不宜过长，否则读者对研究结果的认识不清晰。在解释性研究中，一个没有证明的假设也是一个重要的结果。

（五）小结、摘要、参考文献及附录

目前许多专业刊物上发表的研究报告，常常以摘要来代替小结，通常不超过 200字。构成附录的这些材料占有较大的篇幅，所以专业刊物将常常略去这一部分。

三、撰写研究报告应注意的问题

（一）行文要则

用简单平实的语言撰写；陈述事实力求客观，避免使用主观或感情色彩较浓的语句；行文时，应以一种向读者报告的口气撰写，而不要表现出力图说服读者同意某种观点或看法的倾向，更不能把自己的观点强加于人。

（二）引用与注释

引用的具体方式有：引用别人的原话、原文时，要用引号引起来，再用注释说明；只援引别人的观点、结论但非别人的原话、原文时，则不用引号，只需在其后注释即可。注释的形式有三：夹注、脚注、尾注。

附 录 ……

附录 I 禽体重、体尺调查表

品种名：

所在：____省____县（市）____乡（镇）____村

编号	性别	日龄	体重 (g)	体斜长 (cm)	胸宽 (cm)	胸深 (cm)	胸角 (度)	龙骨长 (cm)	骨盆宽 (cm)	胫长 (cm)	胫围 (cm)	半潜水长（水禽，cm）	颈长（鹅，cm）
1													
2													
3													
4													
5													
6													
7													
8													
9													
10													
平均值													
标准差													

记录人：　　　　　　　联系电话：

日期：　年　月　日

附录 II 禽生长及屠宰性能测定表

品种名:　　　　所在:　　省　　县(市)　　乡(镇)　　村

编号	性别	日龄	活重 (g)	屠体重 (g)	屠宰率 (%)	半净膛重 (g)	全净膛重 (g)	腹脂重 (g)	腿肌重 (g)	胸肌重 (g)	瘦肉重 (g)	皮脂重 (g)
1												
2												
3												
4												
5												
6												
7												
8												
9												
10												
11												
12												
平均数												
标准差												

记录人:　　　　　　联系电话:　　　　　　日期:　　年　　月　　日

附录Ⅲ　禽蛋品质测定表

品种名：

所在：　　省　　县（市）　　乡（镇）　　村

蛋号	蛋重（g）	蛋形指数			蛋壳强度 kg/cm²	蛋壳厚度（mm）	蛋比重（级）	蛋黄色泽（级）	蛋壳颜色	哈氏单位		血斑	蛋黄比率（%）
		纵径（mm）	横径（mm）	指数						蛋白高度（mm）	值		
1													
2													
3													
4													
5													
6													
7													
8													
9													
10													
平均值													
标准差													

记录人：　　　　　　　　　　联系电话：　　　　　　　　　　日期：　　年　　月　　日

附录Ⅳ　猪品种资源调查个体登记表

品种名：　　　　所在：　　　省　　　县（市）　　　乡（镇）　　　村

编号：　　　　　　　　　月龄：　　　　胎次：

注：符合情况者，打对钩

1 毛色	黑	白	六白	红棕	黑（白脚）	火毛	两头乌	乌云盖雪	玉鼻
2 头	大	小	额有皱纹	额无皱纹	嘴筒短	嘴筒中等	嘴筒长		
3 耳形	大	小	直立	下垂					
4 躯干	背腰平	背腰凹	腹部下垂	腹部平直	臀部斜尻	臀部丰满	尾根高	尾根低	
5 乳头	粗	中等	细	排列整齐	排列不整齐	排列对称	丁字排列	最后一对奶头分开/合并	
6 四肢	正常/卧系	肢势正常	肢势外展	肢势内展					
体高（cm）		体长（cm）		胸围（cm）		体重（kg）		尾长（cm）	
乳头对数									

其他：

备注：

附录 V　猪生长及屠宰性能测定记录表

品种名：　　　　　所在　　　　省　　　　县（市）　　　　乡（镇）　　　　村

编号	性别	日龄	屠宰前体重（kg）	胴体重（kg）	屠宰率（%）	瘦肉率（%）	6～7肋背部脂肪厚度（cm）	平均背膘厚度（cm）	脂率（%）	皮率（%）	骨率（%）	眼肌面积（cm²）	皮厚（mm）	肋骨对数	肥育期日增重（g）	料肉比
1																
2																
3																
4																
5																
6																
7																
8																
9																
10																
11																
12																
平均值																
标准差																

记录人：　　　　　联系电话：　　　　　日期：　　年　　月　　日

附录Ⅵ 母猪繁殖性能调查表

品种名：　　　　　　所在：　　　　　省　　　　　县（市）　　　　　乡（镇）　　　　　村

编号	性成熟日龄	配种日龄	发情时间	发情周期	妊娠期（天）	窝产仔数	窝产活仔数	初生窝重（g）	出生重（g）	断奶重（g）	断奶日龄	断奶成活数	泌乳力（g）
1													
2													
3													
4													
5													
6													
7													
8													
9													
10													
11													
12													
平均数													
标准差													

记录人：　　　　　　　　　　　联系电话：　　　　　　　　　　　日期：　年　月　日

附录Ⅶ 牛品种资源调查个体登记表

日期:

种类:

顺号:

毛色·肤色·蹄角号	形态特征	体尺体重
基础色: 黑灰紫红深黄褐浅黄褐草白白金其他 白斑: 白带白头白背(腹) 全色白花白胸月 鬐毛: 是否; 沙毛: 是否: 季节性 黑斑: 有无 晕毛: 是否; 胁等局部淡化: 是否 鼻镜眼睑乳房色: 粉、有色斑、黑褐 角色: 蜡、黑褐纹、黑褐 蹄色: 蜡、黑褐条斑、黑褐	肩峰: 大小无; 颈 胸垂: 大小无 脐垂: 大小无 被毛长短: 短长长覆毛有底绒 前额垂毛: 多少无 局部卷毛: 有无 整体结构: 宽长矮高短窄中度 头型: 短宽长窄 耳端: 平伸半下垂 耳形: 厚薄耳端: 圆尖; 角的有无: 有无双对 角形: "铃铃角" 龙门倒八字竖大圆环小圆环其他 尻形: 短长、斜圆 尾长: 后管下段后管飞节 尾帚: 小大	体重: cm 体长: cm 胸围: cm 管围: cm 体重: kg

备注:

附录Ⅷ 羊品种资源调查个体登记表

日期：

种类：

顺号：

毛色·肤色	形态特征	体尺体重	长毛（绒）性能	繁殖性能
被毛颜色：全白全黑全褐头黑头褐体花其他 肤色：白黑粉红其他	头型：大小适中额宽额平 耳型：大小直立下垂 角形及大小：粗壮纤细螺旋形倒"八"字姜角小角 胫部：粗细长短有无肉垂有无皱纹 鼻部：隆起平直凹陷 体躯：方形长方形肋拱起肷窄背平背凹尻斜四肢：粗细腿高腿矮 膘质：白色黑色黄色坚硬 尾形：锥型短脂尾长脂瘦长尾脂臀尾无尾 乳头：大小长短大小是否均匀有无副乳头	体重： kg 体高： cm 体长： cm 胸围： cm 胸宽： cm 胸深： cm 尾宽： cm 尾长： cm	产绒量： kg 产毛量： kg 毛长度： cm 毛厚度： cm 毛细度： um 绒毛厚度： cm 绒毛长度： cm 毛细度： um	产羔数： 只

备注：

附录Ⅸ　马（驴）品种个体调查表

品种名：　　　　　　所在：　　　　省（区、市）　　　县　　　区　　　村

编号	性别	年龄	被毛颜色	体型	头部	颈部	鬐甲	胸部	股部	背部	尻部	四肢	蹄及系部	体高	体长	胸围	管围	体重（千克）	挽力（千克）

体尺（cm）：体高　体长　胸围　管围

记录人：　　　　　　联系电话：　　　　　　日期：　年　月　日

附录X 品种照片拍摄要求

品种照片是畜禽品种资源普查过程中一个重要环节。好的品种照片应该能够真实、全面地反映该品种的所有外貌特征信息。

一、拍摄品种照片的基本要求

要拍摄好品种照片，首先必须对被拍摄的品种有一个充分的了解，全面认识品种的遗传特点；拍摄前再明确本品种要反映的几个基本特征。在此基础上，再进行拍摄知识的学习。这样，拍摄的照片就能够准确地反映品种的基本情况。

照片的数量要求是：每个品种要有公、母、群体照片各两张，如有不同品系（或不同年龄）的品种，必须按照每种各两张合格的照片，对特殊地理条件下生长的品种，还需附上能反映当地地理环境的照片两张以上。

拍摄好的照片，必须在照片的反面写清楚品种名称、性别、拍摄日期和种畜场名称，拍摄者姓名等；数码拍摄的照片要有相关配套文件说明。

品种照片拍摄时主要注意以下几个方面。

（一）体型外貌的基本特征

从表观分辨品种的重要方法是体型外貌，不同品种各自具有不同的特征，可以从毛色、体型、奶头数等方面加以区别。一些品种具有多个品系，不同品系具有不同外貌特点时，需要分别进行拍摄。如江苏的狼山鸡有白羽和黑羽两个类型，这时应该将白羽和黑羽的公、母鸡分别拍摄。当拍摄群体照片时，尽可能将本品种的不同外貌个体一次拍摄，在一张照片上反映出该品种不同外貌的组成和比例。

羊品种应该在剪毛或梳绒前拍摄以反映被毛品质。

（二）拍摄对象的年龄

一般要求被拍摄的对象应是成年畜禽，通常要求家畜年龄在 1～2 岁，家禽 8～10 个月龄。非成年畜禽不能反映品种的基本情况，而过于老年的畜禽也不能包含畜禽应有的外貌。如果品种具有特殊的外貌特征，可增加拍摄该时期的照片。

（三）个体站立的姿势

在拍摄个体照片时，站立的姿势十分重要。良好的站立姿势可全面反映畜禽的体型、体貌，包括四肢的长短、粗状，主要肉用部位的丰满程度、角型、冠型、胡须，等等。几乎所在的品种都要求正、侧面对着拍摄者，呈自然站立状态，被拍摄的侧面对着阳光，同时要求避开风向，使拍摄者的被毛自然贴身。表现出四肢站立自如，头颈高昂，使全身各部位应有的特征充分表现。拍摄者应站在拍摄对象体侧的中间位置。

（四）拍摄的背景

所拍摄照片的背景应能反映家畜与所处生态之间的联系。

二、相机的选择

品种照片的取得采用两种方法，一是使用数码相机，将照片的数据直接保存在电脑中，供编辑修改用。二是通过照片的扫描，将数据保存在电脑上使用。

相机的性能是拍好照片的基本条件，拍照用的相机必须具备调焦、电子显光功能等功能。

（一）普通相机

无论采用那种相机，调焦是基本要求。这样才能保证拍出的照片清洁度好。对于调焦的范围，没有具体的规定，根据我们的经验，一般不小于 35 ～ 70mm，过小的调焦范围，通常影响拍摄图片的清洁度。

（二）数码相机

数码相机与普通相机一样，必须具备调焦功能。同时图像的精度要求是 400 万像素以上。在拍摄时将效果放在高精度格上，这样拍摄照片的内存在 1.2MB 以上，基本可供出版使用。

三、拍摄前准备工作

最好在自然光下拍摄。选在天气晴朗，光线充足的室外进行拍摄，但假如条件限制必须在室内进行，那也要选择在晴朗的白天进行，让室内拥有足够光线。

如果上述条件都不允许的话，那便只能使用闪光灯了，但使用 DC 内置的闪光灯，其效果一般都并不理想，更重要的一点，在使用内置闪光灯之前，一定要打开相机的"防红眼"功能，不然拍出的动物便个个都像兔子一样有"红眼"。只要有一丝可能，拍摄都不要安排在室内进行。

被拍摄对象附近没有阻碍物阻挡，如草丛、树枝等，要避免出现拍摄到的对象身体的部分被遮挡，比较需要注意的就是动物的脚，当地面较软或其他原因都可能造成畜禽脚的拍摄不出应有的效果，这是品种照片拍摄最易出现的问题。另外，背景要与对象色泽有所差别，如动物皮肤为黑色，则不要选择在黑色土地上进行拍摄。

熟悉相机。对相机的性能参数有所了解，如拍摄模式／光圈／快门／焦距的配合等。一般来说，可以直接使用相机的自动模式来拍摄，这是最简单的方法，因为在拍摄过程中你不必总要调节相机的各类参数。不过如果在光线不太好的环境中，就需要使用手动模式的方法进行拍摄，可进行多次试验拍摄，直到找到满意的拍摄条件。

四、拍摄技巧

畜禽照片的拍摄最大难度是让畜禽听话。因此，要求拍摄者既要有爱心，又要有细心，更要有耐心。

首先，爱心是想办法讨它的"欢心"，可以让它熟悉的饲养员在身边，在拍照前喂它一些"吃的"或让饲养员站在旁边安抚一下，这样它可能会更好地"配合"你的镜头。

其次，就要从数码相机的 LCD 或普通相机的取景器中细心观察动物的每一个中意的瞬间，一旦发现，赶快按下快门进行拍摄。

最后，耐心是最重要的。因为畜禽不会乖乖站在那里等着你去拍，很多时候你往往都是举着相机站在它旁边等候，为了能拍到一幅合格的照片，有时需要站在动物身旁等待 1 个多小时。

掌握住以上三点，基本上就可以拍出合格的照片。

在为动物拍照时你要不停地变化位置来寻找最佳的拍摄角度。一般情况下，拍摄者离动物 2～5m，从正侧面拍摄动物全景。拍摄前先选择合适的角度与光线并设置好相机的各项参数。拍摄时，在取景框中通过变焦将被拍摄对象尽量放大（注意不要使用相机的"数码变焦"功能，因为会损害图像的质量）；另外，在拍摄的大多数时间里，先轻按快门对焦，然后再等待最佳的画面按下快门，这个方法在拍摄过程中比较常用。只是如果在半按快门后，动物移动了与镜头之间的距离，还需要再重新对焦。

（一）光位的用法

1. 顺光

也叫作"正面光"，指光线的投射方向和拍摄方向相同的光线。在这样的光线下，被摄体受光均匀，景物没有阴影，色彩饱和，能表现丰富的色彩效果。但景物缺乏明暗反差，没有层次和立体感。

2. 逆光

也叫作背光，光线与拍摄方向相反，能勾勒出被摄物体的亮度轮廓，又称轮廓光。逆光下的景物层次分明，线条突出，画面生动，拍出的照片立体感和空间感强。因此，逆光最适合表现深色背景下的深色景物，是一种较为理想的光线。通常用它来捕捉剪影，效果不错。

3. 侧光

是指光线投射方向与拍摄方向成大于 0 度小于 90 度角的光线，侧光下的物体，明暗反差好，具有立体感，色彩还原好，影纹层次丰富，而其中又以 45 度的侧光为最佳，因为它符合人们的视觉习惯，是一种最常用的光位。

4. 顶光

是指光线来自被摄体的上方。顶光下，景物的水平面照度大于垂直面照度，缺乏中间层次。

5. 低光

是指从地平面刚升起或将落下的太阳光线，主要来自早晨和黄昏。低光下拍出的景物十分生动，很有生气，而且这种光线色温低，呈暖红色调，具有特殊的色彩效果，是一种较理想的光线。

6. 散射光

也叫作假阴天光线，照度平均、光线柔和，光比小，色差小，在被摄体上没有明显的投影。这种光宜表现恬静美好的生活、纯情的少女和天真的儿童。

（二）拍摄角度

摄影方向是指照相机与被摄对象在照相机水平面上的相对位置，也就是我们通常说的前、后、左、右或者正面、背面、侧面。当我们要开始拍照的时候，总是首先选择摄影点，也就是选择摄影方向。确定了方向之后再确定摄影的角度。摄影方向发生了变化，画面的形象特点和意境也都会随之改变。

1. 正面拍摄

正前方拍摄有利于表现对象的正面特征，能把横向线条充分的展现在画面上。这种正面的拍摄容易显得庄严、静穆的气氛以及物体的对称结构。正面拍摄，由于被摄对象的横向线条容易与取景框的水平边框平行，同时如果主体画面面积很大，则容易被主体横线封锁，使我们的视线没有办法纵深伸展。这样的构图会显得呆板、缺少立体感和空间感。

2. 背面拍摄

背面拍摄是相机在被摄体的正后方。这种方向拍摄可以将主体和背景融为一体。

3. 正侧面拍摄

指的是正左方或者正右方。这种方向适用于表现被摄主体有独特地方的时候。有助于突出被摄主体的正侧面轮廓和线条。

4. 斜侧方向拍摄

首先就是我们通常说的左前方、右前方以及左后方、右后方。这种方向拍摄的特点在于使被摄体的横向线条在画面上变为斜线，使物体产生明显的形体透视变化，同时可以扩大画面的容量，使画面生动活泼。

其次我们来说说拍摄的角度问题。它是照相机与被摄对象在照相机垂直平面上的相对位置。或者说在摄影方向、距离固定的情况下，照相机与被摄对象之间的相对高度。由于相对高度的不同，便形成了平、仰、俯三种不同的拍摄角度。

5. 平摄

就是照相机和被摄体在同一个水平线上进行拍摄。这个时候的被摄对象不容易变形，拍摄自然景物的时候，地平线的处理很重要。我们为了强调上下对称，可以把地平线放在中间的位置。但是一般情况下，应该避免地平线平均分割画面的情况，因为那样做的话，远景和近景将压缩在中间一条线上，画面平淡、呆板。

6. 仰摄

这种情况时，照相机低于被摄对象向上拍摄。有利于突出被摄体高大的气势，能够将树这样的向上生长的景物在画面上充分的展开。

7. 俯拍

就是照相机高于被摄体向下拍摄。这个角度就好像登高望远一样，眼下由近至远的景物在画面上由下至上能充分平展开来。有利于表现地平面上的景物层次、数量、位置，等等，能够给人一种辽阔、深远的感受。

附录XI 畜禽品种濒危程度的确定标准 ①

根据种群总数量、繁殖母畜数量和种群数量的发展趋势，畜禽品种濒危程度分为 7 个级别：灭绝、濒临灭绝、濒临灭绝—维持、濒危、濒危—维持、无危险和不详。

灭绝（extinct）

灭绝是指某一品种不可能容易地重新建立起种群。实际情况下，在既没有繁殖公畜（包括精液）和繁殖母畜，也没有剩余的胚胎时，即可判定为灭绝。

濒临灭绝（critical）

某一品种繁殖母畜总数量低于 100 头（只）或繁殖公畜总数量低于或等于 5 头（只）；或者该品种的种群总数量虽然略高于 100 头（只），但呈现出正在减少的趋势，且纯种母畜的比例低于 80%。

濒临灭绝—维持（critical-maintained）

虽然品种种群数量为濒临灭绝，但正在实施该品种的保种计划，或由专门机构正在开展保种工作。

濒危（endangered）

某一品种出现下列情况之一即可判定为濒危：

（1）繁殖母畜总数量在 100 至 1 000 头（只）或繁殖公畜总数量低于或等于 20 头（只）但高于 5 头（只）。

（2）该品种的种群总数量虽然略低于 100 头（只）但呈现出增加趋势，且纯种母畜的比例高于 80%。

（3）该品种的种群总数量虽然略高于 1 000 头（只）但呈现出减少趋势，且纯种母畜的比例低于 80%。

濒危—维持（endangered-maintained）

虽然品种种群数量为濒危，但正在实施该品种的保种计划，或由专门机构正在开展保种工作。

---

① 摘译自联合国粮食及农业组织出版的《World Watch List》（3rd Edition）。

无危险（not at risk）

判定一个品种无危险的标准是：繁殖母畜和繁殖公畜总数量分别为1 000头（只）以上和20头（只）以上；或者该品种的种群数量接近1 000头（只），纯种母畜的比例接近100%，且该品种的种群数量正在增加。